ERNST SPIRO
(1873–1950)

JÜDISCHE MINIATUREN
Herausgegeben von Hermann Simon

Band 150 ERNST SPIRO

»Jüdische Miniaturen« sind im Abonnement
beim Verlag erhältlich.

Die Deutsche Nationalbibliothek verzeichnet diese Publikation
in der Deutschen Nationalbibliografie; detaillierte Daten sind im
Internet über https://portal.dnb.de/ abrufbar.

Inh. Dr. Nora Pester
Wilhelmstraße 118, 10963 Berlin
info@hentrichhentrich.de
http://www.hentrichhentrich.de

Lektorat: Sarah Pohl
Satz: Barbara Nicol
Druck: Winterwork, Borsdorf

1. Auflage 2014

Printed in Germany
ISBN 978-3-95565-044-5

ALFRED GOTTWALDT

ERNST SPIRO

EIN JÜDISCHER REICHSBAHNDIREKTOR

HENTRICH & HENTRICH

CENTRUM JUDAICUM

Umschlag vorn:
Dr.-Ing. Ernst Spiro (1873–1950) im 65. Lebensjahr in Berlin, 1937
Foto: Rose Nicolaier

Die Deutsche Bahn Stiftung
und die Familie von Ernst Spiro
ermöglichten die Produktion dieses Buches.
Dafür danken ihnen Verfasser, Verlag
und Herausgeber.

Inhalt

Ausstellungseinheit zu Ernst Spiro
als Teil der Schau »Orenstein & Loewe« im Deutschen Technikmuseum,
2013/14
Foto: Clemens Kirchner/DTM

Einleitung:
Ein zerstörtes Leben für die Eisenbahn

Der deutsche Maschinenbauingenieur Ernst Spiro war sechzig Jahre alt, als er im Spätsommer 1933 den Dienst als Direktor des Reichsbahn-Zentralamts für Einkauf quittieren musste. Seit seinem Bauführerexamen von 1896 hatte er mehr als dreieinhalb Jahrzehnte bei deutschen Staatsbahnen verbracht. Er gab seine Arbeit an der Spitze der größten Beschaffungsstelle der Reichsbahn nicht freiwillig auf, sondern räumte den Posten in Berlin aus politischen Gründen: Ernst Spiro ist einer der wenigen jüdischen Beamten im oberen Dienst der Deutschen Reichsbahn mit leitender Funktion gewesen. Angehörige der NSDAP hatten aus rassistischen Gründen seine Entlassung erreicht.

Achtzig Jahre später war es an der Zeit, im Deutschen Technikmuseum mit der Sonderausstellung »Orenstein & Loewe« an insgesamt »20 deutsch-jüdische Ingenieure, Erfinder und Fotografen« aus Berlin um 1933 sowie an diesen Mann und seine Familie zu erinnern.[1] Es geht dabei nicht nur um sein Schicksal als Verfolgter des Naziregimes, sondern um einen ganzen Lebensplan eines modernen Maschinenbauingenieurs bei der staatlichen Eisenbahnverwaltung seit 1896. Damit gelangen weitere jüdische Beamte der Reichsbahn ins Blickfeld, die teilweise mit Ernst Spiro beruflich eng zusammengearbeitet haben.[2]

In diesem Band wird in zwölf chronologisch angelegten Kapiteln über das Leben eines Ingenieurs in Deutschland und England zwischen 1873 und 1950 die wichtigsten Schritte im Dasein Ernst Spiros erzählt, der in Ostrowo im Posener Land geboren wurde und nach seiner Emigration in London verstarb. Seinen Brüdern Georg Spiro, der auf dem Friedhof der Jüdischen Gemeinde in Berlin-Weißensee begraben liegt, und Max Spiro, der in Auschwitz ermordet wurde, sind je eigene Kapitel gewidmet.

Stets haben seine Ehefrau Margarete und die beiden Kinder die Erinnerung an Ernst Spiro hochgehalten; ebenso soll es die Aufgabe dieser Schrift sein. So entstand das vorliegende Buch mit Hilfe der Herren Ludwig Siegmund, Antony und Stephen Spiro sowie von Peter Fraenkel aus der Familie Ernst Spiros. Daneben haben Frau Dr. Maria Borgmann, Frau Dr. Susanne Kill, Frau Gaby Oelrichs, Frau Christine Schmidt, Frau Dr. Diana Schulle und Frau Barbara Welker sowie die Herren Peter Bley, Willi Körtels, Jürgen Krause, Dr. Jörg Kuhn, Dr. Alfred Mierzejewski, Dr. Walter Rothschild, Dr. Hermann Simon, Walter Ulmann, Manfred Verhoolen und Adolf Welter vielfältig dazu beigetragen.

Berlin, im März 2014 *Alfred Gottwaldt*

Die Kinder der Familie Spiro in Ostrowo bei Posen

Vor mehr als 140 Jahren, am 4. Juni 1873, wurde Ernst Spiro in Ostrowo geboren. Über diesen Ort in der Provinz Posen am südöstlichen Rand des alten Deutschen Reiches steht in der 14. Auflage von »Brockhaus' Konversations-Lexikon« aus dem Jahr 1894 zu lesen: »Kreisstadt [...] im preußischen Regierungsbezirk Posen, an der Linie Posen – Kreuzburg und der Nebenlinie Ostrowo – Lissa der Preußischen Staatsbahnen, hat (1890) 9718 Einwohner, darunter 3328 Evangelische und 1018 Israeliten. Postamt Erster Klasse, Landratsamt, Landgericht, Reichsbanknebenstelle. Kath. und evang. Kirchen, Synagoge, Gymnasium, bedeutender Handel, besonders mit Getreide.«[3]
In diesem Satz steckt schon viel von deutsch-jüdischer Geschichte. In Ostrowo bestand vor dem Ersten Weltkrieg neben der evangelischen und der katholischen Grundschule ferner eine jüdische Schule. Der dort angestellte Hauptlehrer Jakob Haym unterrichtete auch am Gymnasium für Knaben.
Ernst Spiros Eltern waren der Kaufmann Simon Spiro (geb. 1824 an einem unbekannten Ort, gest. 1897 in Ostrowo) und dessen deutlich jüngere Frau Ida Spiro (geb. 1847 in Neiße, gest. 1917 in Breslau), eine geborene Haber. Der äußerst gestrenge Vater Spiro beharr-

Das Gymnasium in Ostrowo, nach einer Ansichtskarte aus der Zeit um 1905. Bild: Sammlung Dr. Jörg Kuhn

te täglich darauf, dass seine Söhne um 6 Uhr früh zur Synagoge gingen, jedoch wurden sie nicht strenggläubig und dachten bald liberal. Er besaß einen auskömmlichen Getreidehandel und machte Geldgeschäfte, vermutlich mit den Lieferanten. Die Familie der Mutter, ursprünglich aus Kempen im Posener Land nach Schlesien gekommen, war im späten 19. Jahrhundert durch den Handel mit »polnischer

Wolle« wohlhabend geworden. Allerdings brach das Geschäft um 1900 infolge mächtiger australischer Importe zusammen.

Die Wörter »Spiro« und »Spira« waren früher zweifellos als Namen jüdischer Familien erkennbar. Wahrscheinlich leitet sich der Name Spiro von der Stadt Speyer ab, denn auf hebräisch heißt Speyer »Schapira« oder »Schpira«. Die alte Stadt liegt an einem historischen Handelsweg vom Mittelmeer aus nach Norden, den die Einwanderer aus dem Süden im Mittelalter benutzt haben. Speyer hatte eine der ältesten jüdischen Gemeinden Deutschlands. Im vierbändigen Gedenkbuch des Bundesarchivs aus dem Jahr 2006 für die »Opfer der Verfolgung der Juden unter der nationalsozialistischen Gewaltherrschaft in Deutschland 1933–1945« ist allein der Name Spiro für mehr als fünfzig ermordete Menschen verzeichnet.[4]

Ernst Spiros Eltern Simon und Ida Spiro hatten um das Jahr 1868 geheiratet und in Ostrowo sechs Kindern das Leben geschenkt. Von diesen starben zwei jüngere Geschwister Ernsts – Ludwig und Marie – bereits während jener Zeit, ehe in Deutschland die nationalsozialistische Judenverfolgung eingesetzt hatte. Eine Frage, mit der sich Ernst Spiros Großneffe Peter Fraenkel in seinem Erinnerungsbuch »No fixed Abode« (Ohne festen Wohnsitz) im Jahr 2005 beschäftigte, kann auch bei dem Eisenbahner Ernst

Die Eltern Ida und Simon Spiro, aufgenommen 1892 vor ihrem Haus in Ostrowo. Privataufnahme

Spiro und seinen Geschwistern gestellt werden: »Wie jüdisch waren wir?« Kein Zweifel, dass ihre Devise zugleich lautete: »Doch wir waren Deutsche«.[5]
Der älteste Sohn von Simon und Ida Spiro, Georg Spiro (1870–1935), ließ sich als Augenspezialist in Berlin nieder und starb kurz vor dem Erlass der Nürnberger Rassegesetze. Über sein Leben wird unten noch berichtet. Ihr zweiter Sohn war Max Moses Spiro (1871–1942). Schon vor 1900 übernahm er nach guter Tradition das Geschäft des verstorbenen Vaters in der Stadt Ostrowo. Sein Leben endete in Auschwitz. Auch ihm ist unten ein eigenes Kapitel gewidmet.
In diesem Buch soll es vor allem um das Leben von Ernst Spiro (1873–1950) gehen, den dritten Sohn seiner Eltern. Er studierte Eisenbahn-Maschinenbau in Charlottenburg und brachte es bei der Staatsbahn über Positionen in Trier und Altona im Jahr 1930 bis zum Direktor des Reichsbahn-Zentralamts für Einkauf in Berlin. Seine Karriere zerbrach unter Hitler, weil er ein jüdischer Beamter war.
Nur wenig ist über einen vierten, am 30. August 1874 ebenfalls in Ostrowo geborenen Bruder Ludwig Spiro bekannt. Er arbeitete schon vor dem Ersten Weltkrieg als Rechtsanwalt in Berlin und starb am 3. Oktober 1908 unverheiratet in Görlitz. Die Berliner Adressbücher jener Zeit nennen ihn unter der Adresse

»Mohrenstraße 56« in Berlin W 8. Er wurde am 7. Oktober 1908 auf dem Jüdischen Friedhof in Berlin-Weißensee beigesetzt; die Feier hatte sein Bruder Georg Spiro bestellt. Die Brüder Georg und Ernst Spiro errichteten eine kleine Stiftung zu seinem Andenken.[6]

Die am 5. Dezember 1877 in Ostrowo geborene erste Schwester und das fünfte Kind der Familie, Sophie Spiro (1877–1974), heiratete den Juristen Martin Goldschmidt (1870–1934) und bekam zwei Töchter. Diese Familie lebte nacheinander in Ostrowo, Breslau und Berlin, wo Goldschmidt früh verstarb. Sophie Spiro, nun verwitwete Goldschmidt, gelang rechtzeitig vor 1940 die Emigration nach Johannesburg in Südafrika, wo sie hochbetagt verschied.

Noch eine weitere Tochter von Simon und Ida Spiro, Marie, kam am Ende der 1870er Jahre in Ostrowo zur Welt. Sie heiratete den Rechtsanwalt Eugen Mamlock aus dem benachbarten Ort Krotoschin und starb bereits 1918 in Breslau.

Von Ostrowo nach Berlin und Saarbrücken

Die Eisenbahn hatte in Ostrowo erst am 10. Dezember 1875 mit einer fast 200 km langen Privatbahnstrecke der Posen-Kreuzburger Eisenbahn von Posen über Luisenhain – Mieschlow – Jarotschin – Ostrowo – Schildberg – Kempen (Posen) – Kostau nach Kreuzburg (Oberschlesien) Einzug gehalten. Das war während jener Zeit, als die sechs Kinder von Simon und Ida Spiro in Ostrowo aufwuchsen. Schon Anfang 1884 wurde besagte Gesellschaft verstaatlicht. Danach wurde am 14. Februar 1896 die wichtige Zweigbahn von Ostrowo ostwärts an die polnische Grenze nach Skalmierzyce (und Kalisch) eröffnet, die der Landkreis

Der 1875 eröffnete Bahnhof von Ostrowo, nach einer Bildpostkarte aus der Zeit vor dem Ersten Weltkrieg. Foto: Sammlung Peter Bley

Ostrowo bezahlt hatte. Auch diese Bahn wurde 1902 verstaatlicht. Zwei weitere Strecken zur Erschließung des Umlands machten Ostrowo zu einer Art von Bahnknotenpunkt: die Route nach Krotoschin und Lissa sowie die Route über Adelnau und Neumittelwalde nach Oels.

Die Brüder Spiro aus Ostrowo waren preußisch-deutsche Staatsbürger. Ihr Aufstieg spiegelte in gewisser Weise die Emanzipation der Juden im Deutschen Reich wider. Nach dem Vorbild seines älteren Bruders Georg machte sich Ernst Spiro gleichfalls früh von Ostrowo

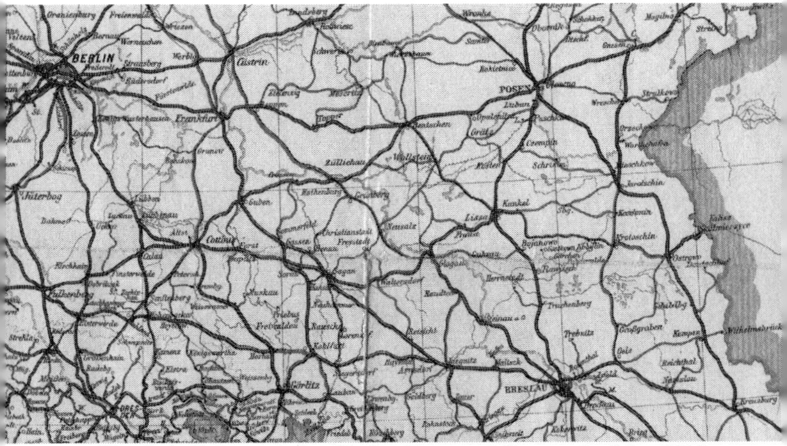

Eisenbahnlinien zwischen Berlin, Posen und Ostrowo im Jahre 1914
Aus der Festschrift »Hundert Jahre Deutsche Eisenbahnen«,
Berlin 1935, Kartenbeilage 2

nach Berlin auf: Nachdem er 1892 am Gymnasium der Heimatstadt die Reifeprüfung abgelegt hatte, nahm er an der Technischen Hochschule in Charlottenburg ein Studium des Maschinenbauwesens auf. Die wohlhabende Großstadt westlich von Berlin war bis 1920 selbstständig. Er hätte dort auch das Fach Eisenbahnbau studieren können, doch entschied er sich anders: Eisenbahn-Maschinenbau sollte es sein. Das Studium schloss er 1896 nach acht Semestern mit der traditionellen Bauführerprüfung ab. Zur gleichen Zeit studierte mit ihm – als Sohn bekannter Eltern – Carl-Friedrich von Siemens (1872–1941), wodurch sich Ernst Spiros Interesse fast beiläufig auf die hochmodernen elektrischen Maschinen richtete. Der Vater Werner von Siemens hatte 1879 die erste elektrische Lokomotive gebaut sowie Telegrafen und elektrische Beleuchtungen an die deutschen Eisenbahnen geliefert.[7]

Gleich nach dem Abschluss seines Studiums trat Spiro zur Ausbildung als junger Bauführer in den Dienst der Preußischen Staatseisenbahn-Verwaltung ein. Die obligatorische Baumeisterprüfung hat er am 25. November 1901 abgelegt. Anschließend wurde er in den Staatsdienst übernommen. In den gedruckten Verzeichnissen der oberen Eisenbahnbeamten Preußens für 1902 ist Ernst Spiro zunächst als »Directions-Hülfsarbeiter« bei der Kgl. Eisenbahndirektion in Frankfurt am Main erwähnt. Er war also einem »Directions-Mitglied« aus dem oberen Eisenbahndienst zur Ausbildung und zur selbständigen Erledigung von weniger bedeutenden Geschäftsvorfällen zugeteilt.[8] Seit 1903 war er mit gleicher Bezeichnung in Saarbrücken beschäftigt. Schon dort hat er vor allem die Einführung der Elektrizität im Eisenbahnwesen mit Hilfe des schweizerischen Unternehmens Escher-Wyss und von englischen Firmen begleitet. Das verschaffte ihm bald den Respekt eines nur wenig älteren, an der Technischen Hochschule Aachen als Bauingenieur ausgebildeten Eisenbahner-Kollegen: Das war Julius Dorpmüller (1869–1945). Noch während jener Zeit in Saarbrücken lernte Spiro also den späteren Reichsbahn-Generaldirektor kennen. Dieser ging jedoch bald darauf zum Bau der Schantung-Eisenbahn fort nach China. Dorpmüller kehrte erst 1917, mitten im Ersten Weltkrieg, aus Ostasien nach Deutschland zurück.[9]

Spiro als Erbauer der Eisenbahnwerkstatt in Trier

Am 1. April 1908 wurde Ernst Spiro zum Bauinspektor ernannt; die spätere Amtsbezeichnung dafür lautete »Regierungsbaurat«. Der »Directions-Hülfsarbeiter« im Saarbrücker Werkstättendezernat war nun 35 Jahre alt und suchte dringend nach beruflichen Aufstiegs-

Ernst Spiro (links) beim Besuch der Lokomotivfabrik Grafenstaden im Elsass, um 1910. Privataufnahme

möglichkeiten und neuen Perspektiven. Im folgenden Jahr erschien in einer Fachzeitschrift sein erster Aufsatz über Erfahrungen mit elektrischen Tunneluntersuchungswagen im Direktionsbezirk Saarbrücken.[10]
Sein vorgesetzter Werkstättendezernent bei der Eisenbahndirektion St. Johann-Saarbrücken war von 1909 bis 1924 der Geheime Oberbaurat Georg Post. Aus der gemeinsamen Tätigkeit in Saarbrücken entwickelte sich endlich eine größere Aufgabe: Im Sommer 1909 erteilte die Königlich Preußische Eisenbahnverwaltung an Ernst Spiro – gemeinsam mit dem gleichaltrigen Regierungsbaumeister Philipp Becker (geb. 1874) für die Bauausführung – den Auftrag zur Errichtung einer neuen Eisenbahn-Hauptwerkstatt bei Trier auf der linken Moselseite in Euren. Pläne für den Neubau waren schon seit 1907 gezeichnet worden. Die deutschen Eisenbahnen prosperierten noch immer, weshalb neben den »Reichslanden Elsaß und Lothringen« gerade gegenüber Frankreich der Ausbau geboten schien.[11]
Nicht nur der Bau lag in Ernst Spiros Händen. Am 1. April 1911 zum Amtsvorstand ernannt, konnte er das Kgl. Eisenbahn-Werkstättenamt Trier sodann von dessen Eröffnung am 1. Juli 1911 bis Anfang 1920 als Vorstand leiten. Nach zweijährigen Bauarbeiten fand die Eröffnungsfeier in Trier an einem Sonnabend statt. Das war damals ein gewöhnlicher Werktag mit

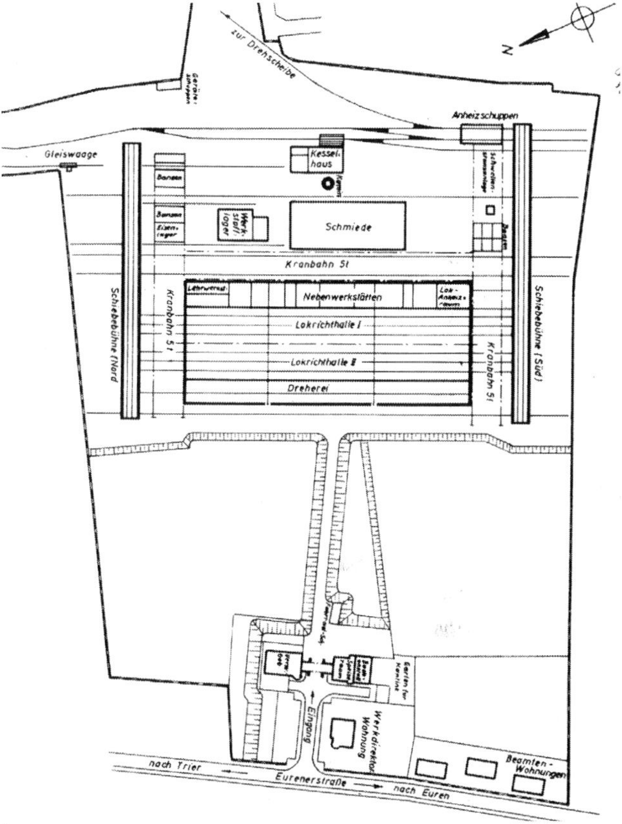

Übersichtsplan der Eisenbahnwerkstatt Trier mit Wohnhäusern und der Werkdirektorenvilla bei ihrer Inbetriebnahme, 1911
Bild: Sammlung Willi Körtels

neun Arbeitsstunden. Wer diesen Termin bestimmte, ist nicht bekannt. Ernst Spiro war kein strenggläubiger Jude mehr, denn sonst hätte er am Sabbat wohl nicht erscheinen können. Er folgte vielmehr seiner Pflicht als preußischer Beamter.
Von der Veranstaltung berichtete die Zeitung »Trierischer Volksfreund« später am selben Tag mit den Worten: »Die neue Hauptwerkstätte Trier-West an der Eurener Straße wurde heute früh 7 Uhr mit einer kurzen Feier eröffnet und dem Betriebe übergeben. Erschienen waren Vertreter der Eisenbahn-Direktion Saarbrücken, der Regierung und der Stadt, sowie die sämtlichen Beamten und die aus Saarbrücken, Karthaus [bei Konz] und Köln-Nippes gebildete, vorläufig aus 400 Mann bestehende Belegschaft. Die nach allen Regeln der heutigen Technik eingerichtete Werkstätte, die einen Kostenaufwand von 4 1/2 Millionen Mark verursachte, war von dem am Bau beteiligten Unternehmen mit Girlanden und Tannengrün aufs schönste geziert. Eingeleitet wurde die Feier mit einem feurigen Marsch der 161er Kapelle, worauf der Schlosser Paul Weber mit Musikbegleitung den Choral ›Die Himmel rühmen‹ wirkungsvoll vortrug. Ein sinniger Prolog leitete dann über zu der Festrede des Herrn Regierungsbaumeisters Spiro.«[12]
Über den Beginn von Ernst Spiros Ansprache berichtete die Zeitung: »Mit herzlichen Worten begrüßte der

Redner den Herrn Regierungspräsidenten Dr. Baltz und die übrigen Vertreter der Kgl. Verwaltung, den Werkstätten-Dezernenten, die Vertreter der Stadtverwaltung und die Vorsteher der Kgl. Eisenbahnwerkstätten und beleuchtete die Einrichtung und Bedeutung der neuen Anlage für die Stadt, die in den ersten Jahren 400 000 Mark an Löhnen und 50 000 Mark an Gehältern nach Trier bringt.«

Bei den folgenden Darlegungen schien sich der »Trierische Volksfreund« vom 1. Juli 1911 weitgehend auf ein zuvor überlassenes Manuskript des Bauinspektors Spiro zu stützen. Seine Rede ließ erkennen, dass er sich durch die weitreichende Verwendung des elektrischen Stroms im Werk als Modernisierer verstand: »Nicht nur sind die Fortschritte im Maschinenwesen der neuen Einrichtung zugute gekommen, es hat auch die ausgiebigste Verwendung der Elektrizität die Aufstellung einer großen Anzahl von Hebezeugen und Transportmitteln ermöglicht, sodaß die Arbeit erleichtert ist und wesentlich schneller vonstatten geht. Jede Werkzeugmaschine besitzt einen eigenen Elektromotor, der ungelernte Arbeiter erfährt eine Verbesserung seiner Lage, der gelernte Arbeiter aber findet eine höhere Beschäftigung. Besonders im Transportwesen zeigt sich der große Einfluß der elektrischen Kraft. Im Zubringen von Material, Ein- und Ausladen von Gütern ist anstelle der großen Zahl ungelernter Arbeiter ein

einzelner geschickter Mann mit schneller Umsicht und großer Überlegung getreten. Die mechanische Hilfe hat nicht eine Entgeistigung, sondern eine Vervollkommnung der menschlichen Tätigkeit gezeitigt.«
Den Fortschritt durch seine Arbeit rühmte Spiro mit den Worten: »Wie gewaltig dieser Siegeszug der Technik in den beiden letzten Jahrzehnten gewesen ist, zeigt gerade ein Vergleich der vor 30 Jahren errichteten Hauptwerkstätte Karthaus mit der Anlage, die wir heute dem Betriebe übergeben wollen. Während Karthaus nicht ein einziges mechanisch betriebenes Hebezeug erhalten konnte, sind hier 20 Krane und Aufzüge mit zusammen rund 500 Tonnen Tragfähigkeit eingebaut. Um den Dom von einer Maschine abzunehmen, mußte man sich eines Flaschenzuges bedienen, der an einem Dreibock befestigt war. Zum Heben einer Lokomotive waren das mühselige Herbeischaffen von Handwinden und die Arbeit von 16 Mann erforderlich, die hier durch zwei Kranführer ersetzt wird. Das Fehlen einer einfachen Kraftverteilung fesselte die Werkzeugmaschinen an wenige Hauptübertragungswellen. Die Maschinen konnten nicht in den Räumen, in denen sie gebraucht wurden, aufgestellt werden, sodaß weite Arbeitswege zurückzulegen waren. Heute ist die elektrische Kraft in jeden Nebenraum, ja in jede auszubessernde Lokomotive hineingeleitet, um Arbeitsmaschinen an Ort und Stelle

Bauinspektor Ernst Spiro auf dem Rednerpult bei Eröffnung der Hauptwerkstätte Trier am 1. Juli 1911. Privataufnahme

zu betreiben. Soweit Transporte nicht zu vermeiden sind, werden sie durch die schnellaufenden Krane und Schiebebühnen bewirkt. Die Werkzeugmaschinen sind nicht nur ihrem Zweck entsprechend angeordnet, sondern in einer Vollkommenheit und damit in einer Einfachheit und Übersichtlichkeit, die wiederum der elektrische Motor ermöglicht hat.«

Gegen Ende seiner Rede widmete sich Ernst Spiro den ihm besonders wichtigen sozialen Bedingungen im neuen Werk Trier: »Für die Wohlfahrt der Arbeiter ist in ganz besonderer Weise Sorge getragen. Eine Wasch- und Badeeinrichtung, ein Speisesaal u.a. stehen ihnen zur Verfügung, alles ist getan, um die Anlage zu einer wirklich schönen und angenehmen Arbeitsstätte zu gestalten.«

Zum Abschluss der Ansprache erfüllte Spiro seine Pflicht als Beamter: »Dank dem Wohlwollen des Ministers und dem leider verhinderten Eisenbahn-Direktionspräsidenten Ludwig Schwering. Deutsche Arbeit, deutschen Fleiß und deutsche Tüchtigkeit finden Sie hier in der Werkstätte. Preußen, Sachsen, Bayern, Württemberg und die Reichslande haben in erfreulichem Wettbewerb sich an den Lieferungen beteiligt. Das alles war aber nur möglich in einer Zeit friedlicher Entwickelung. Sprechen wir hierfür unseren Dank aus und weihen die Werkstätte ein mit dem Rufe: ›Seine Majestät, unser Allergnädigster Kaiser und König, lebe hoch!‹«

Deutscher Kaiser war damals der König von Preußen, der Hohenzoller Wilhelm II., der von 1888 bis 1918 regierte. Wenn Juden in seinem Reich zum Professor ernannt werden sollten, mussten sie sich taufen lassen. Hier ist nicht der Raum, um mehr über den »Kaiser Wilhelm II. und den deutschen Antisemitismus« zu sagen.[13]

Anschließend spielte eine Kapelle die Nationalhymne, dann sprach der vorgesetzte Regierungs- und Baurat Georg Post von der Eisenbahndirektion Saarbrücken. Er versuchte, den gegen ihren Willen nach Trier versetzten Beamten und Arbeitern den notwendigen Abschied von liebgewordenen Heimatwerkstätten durch Lob für »die neue schöne, wundervoll luftige Halle« in Trier schmackhaft zu machen. Sodann dankte er – wie der »Volksfreund« berichtete – für die Fertigstellung des Werks den »Regierungsbaumeistern Becker und Spiro, welch letzterer die Pläne entworfen und den Bau geleitet hat [...]. Unter den Klängen eines Musikstückes ›Eisenbahndampfgalopp‹ wurde nun an dem elektrischen 45-Tonnen-Kran eine Lokomotive heranbefördert, federleicht wurde der mächtige Koloß in die Höhe gehoben und dann auf ein zweites Gleis niedergesetzt. Mit dem Niederländischen Dankgebet schloß die eindrucksvolle Feier. Die Ehrengäste besichtigten noch die einzelnen Einrichtungen, zwei Lokomotiv-Abteilungen, die Schmiede und die Dreherei und wurden dann zu einem Frühstück eingeladen. Die Belegschaft aber ging alsbald zur werktätigen Arbeit.«
Die Anwesenheit des angesehenen Trierer Bischofs Michael Felix Korum (1840–1921), die man in dem katholischen Landstrich erwarten konnte, läßt sich aus dem Bericht nicht entnehmen.

Längsaufstellung der Maschinen und Umsetzen von Lokomotiven mit einer elektrischen 45-t-Krananlage in Trier, 1911. Privataufnahme

Die moderne, nach amerikanischem Vorbild konzipierte Werkstatt bei Trier wies eine leichte Mittelhalle von ungefähr 155 m Länge und etwa 45 m Breite für die Ausbesserung von Dampflokomotiven auf. Davon besaß die preußische Staatsbahnverwaltung zu Beginn des neuen Etatsjahres am 1. April 1911 bereits 19.642

Stück.[14] Über den sechs parallel angeordneten Längsgleisen, auf welchen jeweils acht bis zehn Triebfahrzeuge hintereinander repariert werden konnten, lagen Kranbahnen für zwei schwere und zwei leichte Hebezeuge. Deshalb brauchte man keine Innenschiebebühne. Zu beiden Seiten der Ausbesserungshalle in Trier waren niedrigere Baukörper für die Dreherei, die Gießerei, die Rohrwerkstatt, die Stangenkolonne sowie für weitere Werkstätten der Lokomotivausbesserung untergebracht.
Dem damaligen Stand der Technik entsprachen ein nahegelegenes, bis heute vorhandenes Wohnhaus mit Garten für den Werkdirektor – also für Ernst Spiro mit Familie – sowie drei Beamtenwohnhäuser vor dem Eingang. Im folgenden Jahr 1912 wurde Spiro in Trier auch Vorstandsvorsitzender der werkseigenen Wohnungsbaugenossenschaft. Diese errichtete – bis in die 1920er Jahre hinein – für die Beschäftigten der Werkstatt gleich nebenan 124 Häuser mit 234 Wohnungen. Es entsprach der ausgeprägten sozialen Einstellung Spiros, dass in der Siedlung – entgegen dem Wunsch des seit 1906 in seinem Amt wirkenden Ministers der öffentlichen Arbeiten, Paul von Breitenbach (1850–1930) – erstmals die Toiletten im Haus und nicht im Garten angelegt wurden.[15]
Die Folge war: In Trier gab es bis zum Jahr 1934 sogar eine Spirostraße an der Siedlung für schließlich 1800

Eisenbahner der Werkstatt, nämlich die ehemalige Querstraße. Auf Verlangen der Nationalsozialisten wurde sie dann in »Gartenstraße« umbenannt.[16] Als 1948 diese Spirostraße in Trier vom Stadtrat abermals so bezeichnet wurde, erfuhr es ihr längst in der Emigration lebender Namenspatron nicht mehr. Bis heute befindet sich das Büro der »Gemeinnützigen Baugenossenschaft der Eisenbahnbediensteten Trier e. G.« in der Spirostraße 15. Seit August 2013 ist an dem Straßenschild eine Gedenktafel für Ernst Spiro angebracht.
Ernst Spiro heiratete im Jahr 1911, als er schon in Trier wohnte, die damals 25 Jahre alte Margarete Sachs (1886–1970) aus Breslau. Das Leben im katholischen

Straßenschild an der Spirostraße in Euren bei Trier mit einer kleinen Gedenktafel, September 2013. Foto: Willi Körtels

Ernst Spiro mit Frau und Sohn Ludwig Siegmund im Garten des Werkdirektorenhauses in Trier, 1915. Privataufnahme

Trier, das von Preußen bereits seit Jahrzehnten vor allem mit protestantischen Beamten bedacht wurde, gestaltete sich für eine jüdische Familie nicht leicht. Die Emanzipation der Juden im Kaiserreich war nicht unangefochten. Jedoch wuchs die junge Frau schnell in gesellschaftliche und soziale Aufgaben hinein, die mit der Position ihres Ehegatten als »Arbeitgeber« in Trier verbunden waren. Sie hatte ein Herz für bedürftige Eisenbahnarbeiter und half deren Familien, wann immer es nötig war.
Am 4. Juni 1913 konnte Ernst Spiro in Trier seinen 40. Geburtstag feiern. Der Ehe mit Margarete entsprangen zwei Kinder, die neben und in der Eisenbahnwerkstatt aufwuchsen: Der Sohn Ludwig Siegmund Spiro (1912–2011) war vermutlich in Gedenken an den 1908 in Berlin verstorbenen Bruder des Vaters benannt worden. Er wanderte als Diplom-Ingenieur für Maschinenbau im März 1938 nach London aus und war mit Anna Friedmann (1915–1998) verheiratet. Ludwig Siegmund Spiros Schwester Barbara (1915–1998) floh 1939 nach Nordamerika und wurde Augenärztin in Chicago. Sie war mit dem Ökonomen Walter Neumann aus Köln verheiratet.

Kräne und Hebezeuge bei der Preußischen Staatsbahn

Der technische Fortschritt bei der Eisenbahn war für Ernst Spiro ein Herzensanliegen und bildete einen Bestandteil seines Aufstiegs. Die seit 1890 eingetretene Entwicklung der Elektrotechnik hatte einen großen Umschwung in der Ausstattung der Lokomotiv-Werkstätten mit Hebezeugen bewirkt. Sämtliche neueren Ausbesserungswerke, darunter vor allem das in Trier, waren mit elektrisch angetriebenen Laufkränen großer Tragkraft ausgestattet. Dagegen bildeten ältere Hebeböcke und Bockkräne mittlerweile die Ausnahme.

So erschien im Dezember 1912 eine Ausschreibung des Vereins Deutscher Maschinen-Ingenieure, die eine »knappe Zusammenstellung der gebräuchlichsten Hebezeuge [mit Ermittlung der Bau- und Betriebskosten] und Beurteilung für die Verwendung in einer großen, mittlern und kleinen Werkstatt« zum Gegenstand hatte.[17] Die bald nach dem Bau der Trierer Werkstatt verfasste Zusammenstellung Ernst Spiros war so sorgfältig bearbeitet, dass sie am 30. Juni 1914 an der Technischen Hochschule Charlottenburg als Doktor-Dissertation mit dem Titel »Der wirtschaftliche Einfluß der gebräuchlichsten Hebemaschinen auf die Lokomotiv-Ausbesserungs-Werkstätten der Eisen-

bahnen« angenommen wurde.[18] Die akademische Betreuung lag in den Händen von Professor Johannes Obergethmann (1862–1921) als Eisenbahn-Maschinenbauer und von Professor Otto Kammerer (1865–1951), der seinerzeit in Deutschland als »Papst der Fördertechnik« galt und als Verfasser des Buches »Die Technik der Lastenbeförderung einst und jetzt« hervorgetreten war.[19]
Nach Ernst Spiros Beobachtung hatte »die Entwicklung der Elektrotechnik [...] inzwischen einen großen Umschwung in der Ausstattung der Lokomotiv-Werkstätten mit Hebzeugen bewirkt.« Bedingungslos befürwortete er das System der »Längsgleiskräne«. Die Zusammenfassung der Ergebnisse seiner Dissertation lautete dementsprechend, »daß elektrisch betriebene Laufkrane wirtschaftlicher sind als die bis vor zehn Jahren in den deutschen Lokomotiv-Ausbesserungs-Werkstätten vorherrschenden Hebeböcke und die noch vereinzelt gebräuchlichen Hebevorrichtungen mit Presswasser- oder Luftdruckbetrieb. Es sind zwei Arten von Lokomotiv-Hebekranen gebräuchlich: 1. Krane mit je 2 Laufkatzen, deren Fahrbahn senkrecht zu den Aufstellgleisen liegt (Quergleiskrane); und 2. Kran-Paare mit je einer Laufkatze, deren Fahrbahn parallel zu den Aufstellungsgleisen liegt (Längsgleiskrane). Die Betriebskosten der Quergleiskrane sind niedriger als die der Längsgleiskrane,

weil zum Heben einer Lokomotive ein Kran genügt. Durch die Längsgleiskrane wird aber bei Anwendung der Trierer Betriebsweise (Besetzung der 3 Gleise jedes Kranfeldes) soviel Raum gespart, daß die Gesamtbetriebskosten in mittleren und großen Werkstätten niedriger werden als in jeder andern Werkstätten- und Betriebsform. Die durch die Trierer Betriebsweise bedingte Beförderung der Lokomotiven über andere hinweg ist bei der heutigen Vollkommenheit der Laufkrane unbedenklich. Auch bei der Quergleisanordnung muß unter der schwebenden Last gearbeitet werden. Neben der größeren Wirtschaftlichkeit bietet die Längsgleisanordnung den Vorteil, daß die wachsende Längenentwicklung der Lokomotiven auf die Spannweite der Krane ohne Einfluß ist, und daß die Übersichtlichkeit dieser Werkstättenform und die bauliche Anordnung besonders günstig sind.«[20]

Als seine Arbeit bald darauf für den Buchhandel bei dem angesehenen technischen Verlag von F. C. Glaser in Berlin erschien, hat Dr.-Ing. Ernst Spiro diese Ausgabe dem Geheimen Baurat Karl Müller (1847–1929) gewidmet. Das war der eine Generation ältere, langjährige Chef des Maschinenwesens im »Verkehrsministerium« seines Heimatlandes, also im preußischen Ministerium der öffentlichen Arbeiten.

Während des Ersten Weltkriegs von 1914 bis 1918

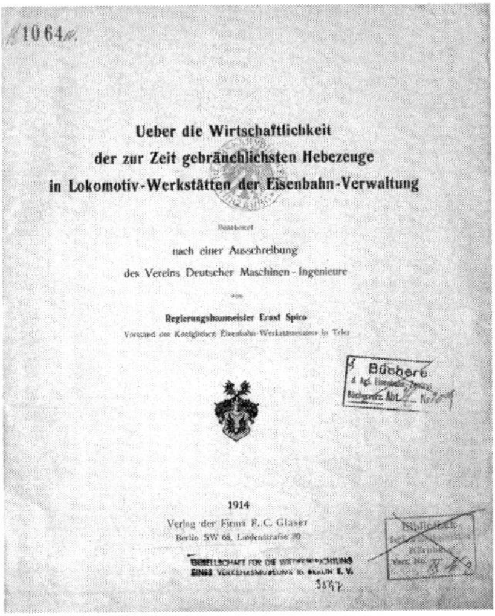
1064

Ueber die Wirtschaftlichkeit
der zur Zeit gebräuchlichsten Hebezeuge
in Lokomotiv-Werkstätten der Eisenbahn-Verwaltung

[illegible]

nach einer Ausschreibung
des Vereins Deutscher Maschinen-Ingenieure

[illegible]

Regierungsbaumeister Ernst Spiro

[illegible]

1914
Verlag der Firma F. C. Glaser
Berlin SW 68, Lindenstraße 80

Titelblatt von Ernst Spiros Dissertation, hier ein Exemplar aus dem früheren Bestand des Kgl. Eisenbahn-Zentralamts Berlin
Bild: Bibliothek des Deutschen Technikmuseums

blieb Ernst Spiro auf dem Posten als Werkdirektor in Trier tätig und zahlte Geld für wilhelminische Kriegsanleihen ein. In seinem Nachlass fand sich eine eiserne Uhrenkette mit der Inschrift »Gold zur Wehr, Eisen zur Ehr«, die er nach der Spende entsprechenden Edelmetalls für Kriegsausgaben erhalten hatte. Mehrere Auszeichnungen, darunter »die Rote-Kreuz-Medaille 3. Klasse« und das »oldenburgische Friedrich-August-Kreuz 2. Klasse am rot-blauen Bande«, wurden ihm während des Krieges verliehen.[21] In den folgenden Jahren der Weimarer Republik schwankte seine konservative politische Orientierung, wie der Sohn Ludwig Siegmund später zu berichten wusste, wohl zwischen der Staatspartei, der Volkspartei und dem Zentrum.

Ernst Spiro als Werkstättenmann in Altona

Nach dem Ersten Weltkrieg verfügte die neugegründete Deutsche Reichsbahn, die als Nachfolgerin der bisherigen Länderbahnen entstanden war, über nicht weniger als 106 Ausbesserungswerke mit insgesamt dort tätigen 206.300 Beamten und Arbeitern. Diese gewaltige Zahl war vor allem der Demobilmachung geschuldet, denn die aus dem Kriegsdienst entlassenen Soldaten mussten nach dem Kriegsende untergebracht werden. Diese stellten einen Anteil von ungefähr 10 Prozent aller Beschäftigten bei der Deutschen Reichsbahn.

Von der neuen Verwaltung wurde Ernst Spiro bei ihrer Gründung am 1. April 1920 als Oberregierungsbaurat zum Direktionsmitglied in der Eisenbahndirektion Altona berufen und zu deren Dezernenten 60 für »Werkstättenorganisation« ernannt. Dort hat man ihm alsbald die Leitung der Werkstättenabteilung V in der Direktion Altona übertragen. Sie wurde ab 1925 als »Geschäftsführende Direktion für das Werkstättenwesen« in einem großen Teil Norddeutschlands federführend bei der Rationalisierung des Unterhaltungsdienstes für Eisenbahnfahrzeuge. So lenkte Spiro auf diesem Gebiet die Arbeit der Direktionsbezirke Altona, Hannover, Münster, Oldenburg und Schwerin.

Als erfahrener Werkstättenmann hat Ernst Spiro für den 1923 in Berlin und Wien erschienenen Band 10 der »Enzyklopädie des Eisenbahnwesens« des österreichischen Bahnbeamten Victor von Röll (1852–1922) einen umfangreichen, bis heute lesenswerten Fachbeitrag über »Werkstätten« geschrieben. Dieser Text fußte auf seinen langjährigen fachlichen Erfahrungen in Trier und auf den ersten Überlegungen in Altona.[22]

Seit dem Herbst 1924 firmierte die Reichsbahn, die Arbeitgeberin Ernst Spiros, unter dem Namen »Deutsche Reichsbahn-Gesellschaft«. Die Eisenbahn wurde so – noch bis 1937 – aus dem staatlichen Haushalt herausgenommen und sollte mit ihrem Betriebsgewinn als ein Pfand für deutsche Reparationsschulden aus dem Ersten Weltkrieg dienen. Die bisherigen Bahnbeamten wie Spiro wurden zu Reichsbahn-Oberräten, durften aber daneben Titel wie »Regierungs- und Baurat a.D.« tragen.

Während seiner Zeit in Altona machte sich Ernst Spiro einen Namen als rastloser und erfolgreicher Rationa-

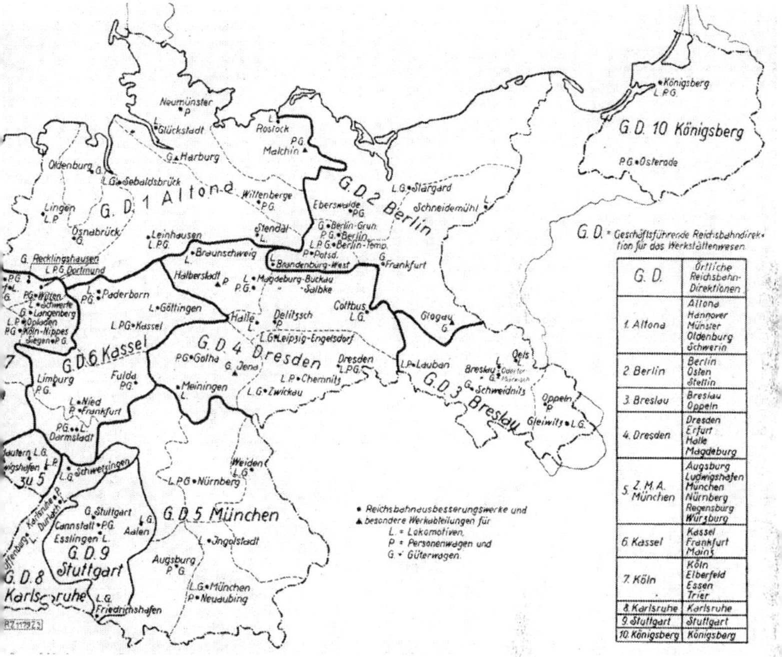

Gliederung des Werkstättenwesens der Reichsbahn und Standorte ihrer Ausbesserungswerke, um 1928

Aus: Spiro, Rationalisierung im Werkstättenwesen, Seite 294

lisierer des Werkstättenwesens. Es ging fortan darum, bei der Fahrzeugausbesserung die bisherigen Ländergrenzen von Preußen, Oldenburg, Mecklenburg usw. zu überschreiten, um jedem Werk eine möglichst einheitliche Gruppe von Lokomotiven oder Wagen zuzuweisen. Im Ausbesserungswerk Bremen-Sebaldsbrück waren zum Beispiel 1919 noch 400 Lokomotiven in 16 Gattungen zu untersuchen, während es 1927 bereits 800 Lokomotiven in nur 3 Gattungen waren. Somit konnten 27 ältere Werke und zahlreiche Nebenwerkstätten der Reichsbahn geschlossen werden. Die Ausbesserungsdauer der Lokomotiven wurde – bei verbesserter Konstruktion – damit von 110 Tagen auf 24 Tage heruntergedrückt. Dadurch konnte die Ausbesserung deutlich beschleunigt und verbilligt werden. Den Nachweis darüber erbrachte eine »Vollabrechnung gemäß industriell-kaufmännischen Grundsätzen«.

Am 1. Februar 1926 wurde Ernst Spiro in Altona zum »Direktor bei der Reichsbahn« ernannt.[23] Diese sonderbare Bezeichnung für einen Abteilungsleiter der Eisenbahn-Betriebsverwaltung in den regionalen Direktionen der Reichsbahn-Gesellschaft gab es nur von 1924 bis 1937, während innerhalb der Reichsbahn-Hauptverwaltung damals die Bezeichnung »Reichsbahndirektor« üblich war. Am Jahresende 1930 gab es 105 solcher »Direktoren bei der Reichsbahn«, darunter

42 Juristen, 37 Bautechniker, 25 Maschinenbauer und einen Architekten. Ihr jährliches Durchschnittsgehalt belief sich ungefähr auf 14.435 Reichsmark und konnte bei leitenden Beamten darüber liegen.[24]
Im Januar 1928 konnte Spiro erste Ergebnisse seiner Tätigkeit bei einem Vortrag im Hamburger Bezirksverein des Vereines Deutscher Ingenieure vorstellen: Die Zahl der Werkstättenmitarbeiter bei der Reichsbahn-Gesellschaft war bereits um die Hälfte auf 100.000 Mann im Jahr 1926 gesunken. Nach amerikanischem Vorbild sollte die »Fließfertigung« im Taktverfahren in den Werken vermehrt angewandt werden, was nicht selten Umbauten und eine Umschulung der Beschäftigten erforderte. Gegen allzu eigenmächtige Entscheidungen der Werkstättenarbeiter gab Ernst Spiro den Rat: »Gute Aufsicht und sorgfältige Nachprüfung müssen hier helfen.« Doch am Ende seines Berichts stand als Ergebnis der für ihn recht typische Satz: »Das alles wurde ermöglicht durch die Pflichttreue und den Eifer einer tüchtigen Beamtenschaft und einer wohldurchgebildeten verständnisvollen Arbeiterschaft.«[25]
In Altona wohnte Ernst Spiro in der Fritz-Reuter-Straße 9 (heute Goetheallee), Etage II. Das Haus unweit der Allee (heute Max-Brauer-Allee) gehörte der »Beamtenvereinigung Altona«, die in den Nachbarhäusern ihre Verwaltung und eine Warenverkaufsstelle

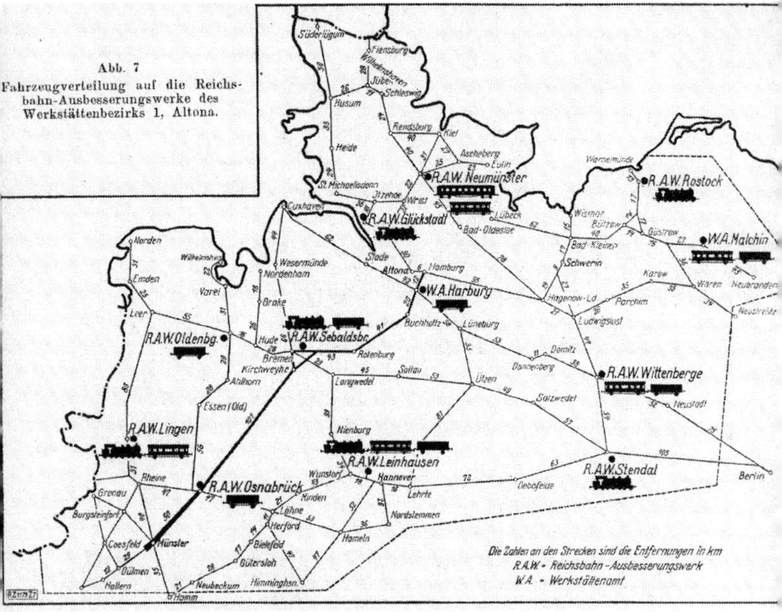

Fahrzeugverteilung auf die Reichsbahn-Ausbesserungswerke im Werkstättenbezirk 1, Altona, um 1928
Aus: Spiro, Rationalisierung im Werkstättenwesen, Seite 297

betrieb. In der Etage I war der Reichsbahn-Oberrat Otto Hampke (geb. 1874) daheim, ein Fachmann für Signalanlagen. Die Wohnung darüber bezog der Reichsbahn-Oberrat Ferdinand Windscheid (1870–1945), der seit 1919 Abteilungsleiter bei der Reichs-

bahndirektion Altona war und bald darauf zum Stellvertreter ihres Präsidenten ernannt wurde. Nachdem Windscheid 1925 zum Präsidenten des Hauptprüfungsamts der Reichsbahn-Gesellschaft aufgestiegen war, traf man sich 1930 noch einmal in Berlin.[26]
Während jener Zeit wurde immer wieder die Frage an Spiro herangetragen, ob er sich nicht endlich taufen lassen wolle, um selbst einmal zum Direktionspräsidenten bei der Deutschen Reichsbahn-Gesellschaft aufzusteigen. Zuletzt wandte sich der Stellvertretende Generaldirektor Wilhelm Weirauch (1876–1945) einmal an Ernst Spiro, als die Reichsbahn ab Mitte 1932 zum Nachfolger für den katholischen Präsidenten Joseph von Käß (1867–1941) nun »einen evangelischen Präsidenten für München« suchte, doch blieb er ohne Erfolg. Der Gedanke der Konversion lag Spiro fern, obwohl er die Religion seiner Eltern durchaus als »modernisierungsbedürftig« ansah und liberalen Gedankengängen folgte. Seine Antwort blieb immer: »Das kann ich meinem Vater doch nicht antun.« Zwar erlaubte Ernst Spiro seinen Kindern daheim am 24. Dezember schon den Weihnachtsbaum und das Lied »Stille Nacht«, doch er selbst ging während der Bescherung stets hinaus in die Küche und wartete bei der Köchin.[27]
Dabei war die Taufe in der Familie kein Tabu. Für viele erfolgreiche Wissenschaftler aus jüdischen Familien war der Übertritt in eine christliche, zumeist die

evangelische Religion eine Option, um die traditionellen Bindungen zu lösen und sich noch stärker in die Mehrheitsgesellschaft zu integrieren. Ernst Spiros Mutter war 1847 als Ida Haber in Breslau geboren. Ihr Bruder Siegfried Haber (1842–1920) war Vater eines berühmten Wissenschaftlers aus Breslau: Seinem etwa gleichaltrigen Vetter aus der mütterlichen Familie, dem Chemiker und Nobelpreisträger Fritz Haber (1868–1934), nahm Ernst Spiro es schon früh recht übel, dass sich dieser nach der Promotion bereits zu Kaisers Zeiten im Jahre 1893 hatte taufen lassen. Erst 1933 wurde Haber »wieder jüdisch«, seitdem Hitler die deutsche Politik bestimmte. Haber legte im Mai 1933 demonstrativ sämtliche Ämter nieder und emigrierte im Spätherbst noch desselben Jahres nach Cambridge (England). Er starb bald darauf während einer Reise durch die Schweiz in Basel.[28]

In Ernst Spiros Werkstättenabteilung bei der Reichsbahndirektion Altona arbeitete der jüdische Reichsbahn-Oberrat Paul Levy (1876–1943) als Dezernent 61 für »Werkstättenbetrieb« mit.[29] Er wurde Ende 1935 entlassen, am 26. Februar 1943 nach Auschwitz deportiert und ermordet. Neben ihm hatte der jüdische Reichsbahn-Oberrat Leopold Sußmann (1876–1941/42) das Dezernat 63 für »Wärmewirtschaft« bei der Reichsbahndirektion Altona inne. Ebenfalls vor 1935 entlassen, wurde er am 6. Dezember 1941 nach Riga deportiert und kam dort um. Es scheint, als hätte die Reichsbahnverwaltung sie in Altona zur Vermeidung innerbetrieblicher Spannungen gemeinsam bei Spiro eingesetzt, denn mancher »gewöhnliche Deutsche« lehnte bei der Staatsbahn schon vor 1933 einen Juden als Vorgesetzten ab. Der Reichsbahnrat Josef Heilbronn (geb. 1880), Werkdirektor des nachgeordneten Ausbesserungswerks Glückstadt, war ebenfalls Jude. Er konnte den nationalsozialistischen Terror in einer sogenannten Mischehe überleben.[30]

Der Direktor des Reichsbahn-Zentralamts für Einkauf

Zwischen der Familie Ernst Spiros mit seiner Ehefrau einerseits sowie dem eigenwilligen Paar aus Julius Dorpmüller mit seiner Schwester Maria andererseits bestanden mancherlei gesellschaftliche Verbindungen. Diese gingen wohl auf gemeinsame Tage in Saarbrücken zurück. Traf man sich zu Zeiten der Weimarer Republik in Hamburg oder Berlin bei offiziellen Veranstaltungen, dann wusste Dorpmüller gern den Kollegen Spiro in seiner Nähe, forderte auch gern dessen Frau Margarete zum Tanz auf.
So schloss das Jahrzehnt Ernst Spiros als Abteilungsleiter bei der Reichsbahndirektion Altona im Herbst

1930 mit einem letzten Sprung auf seiner Karriereleiter. Am Ende der 1920er Jahre befand sich nämlich das Reichsbahn-Zentralamt Berlin, dessen Vorläufer bereits 1907 von der preußischen Staatseisenbahnverwaltung als wichtigste Konstruktions- und Beschaffungsstelle für Fahrzeuge und Betriebsstoffe gegründet worden war, in einer schweren Krise. Es waren Korruptionsvorwürfe aufgekommen, die vor allem den Einkauf in einigen Sparten der Betriebsmittel sowie den zu billigen Verkauf von Altstoffen der Eisenbahn betrafen. Der für die Verwertung ausgemusterter Lokomotiven zuständige Dezernent, Direktor bei der Reichsbahn Wilhelm Neumann (geb. 1877), war mehrfach in der Presse erwähnt worden, nachdem er eine Villa in Neubabelsberg erworben hatte. Zwei Dezernenten des Zentralamts hatten sich nach öffentlichen Anschuldigungen erschossen. Gustav Hammer (1875–1961), der Direktor für Einkauf im Vorstand der Deutschen Reichsbahn-Gesellschaft, war ein nicht unumstrittener Mann, der vielleicht zu regelmäßig im Zentralamt ein- und ausging. Diese Vorwürfe wurden später von den Nationalsozialisten aufgegriffen und sind bis heute nicht geklärt.[31]
So beschloss Reichsbahn-Generaldirektor Dorpmüller gegen Ende des Jahres 1929, seinen Mitarbeiter Spiro, dem er aus gemeinsamen Zeiten in Saarbrücken vertraute, kommissarisch als »Bevollmächtigten« mit der

Leitung der Einkaufsabteilungen des Zentralamts zu beauftragen. Daraufhin legte Spiro praktische Vorschläge für eine Neuorganisation des Reichsbahn-Zentralamts vor, welche zu einer strikten Aufteilung in vier »Spartenämter« führten: Fortan sollten zumindest Konstruktion und Beschaffung in getrennten Händen liegen, zudem aber neue Zentralämter für Bauwesen und für Rechnungswesen geschaffen werden.

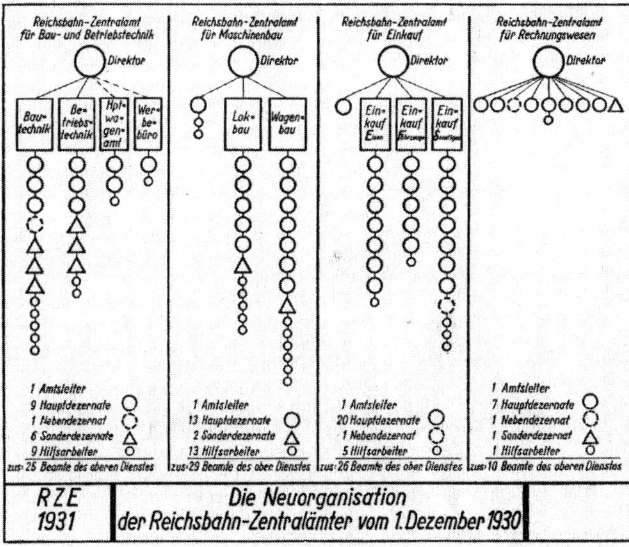

Die Organisation der vier Reichsbahn-Zentralämter ab 1. Dezember 1930. Aus: »Die Reichsbahn« 1933, Seite 505

Per 1. Dezember 1930 wurde Spiro von Dorpmüller förmlich zum Direktor des mit jenem Tag neu errichteten Reichsbahn-Zentralamts für Einkauf ernannt. Die Position entsprach nicht ganz der eines Reichsbahndirektors in der Hauptverwaltung oder eines

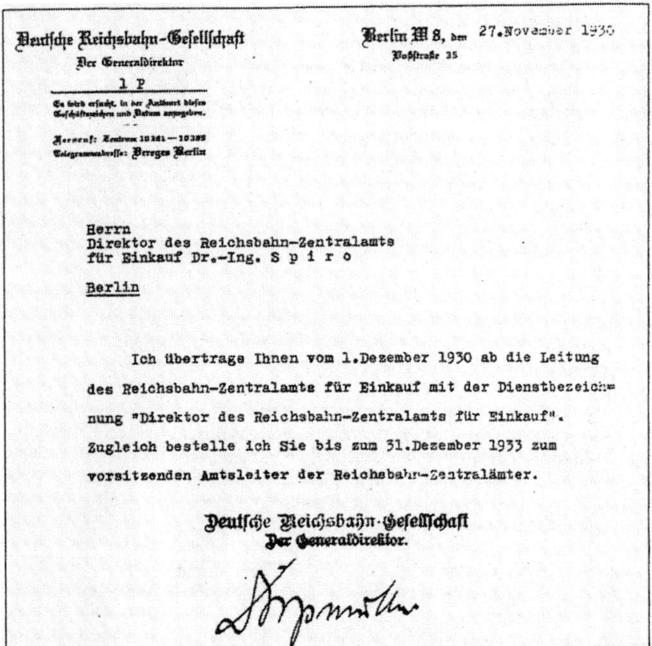

Deutsche Reichsbahn-Gesellschaft
Der Generaldirektor
1 P
Es wird ersucht, in der Antwort dieses Geschäftszeichen und Datum anzugeben.
Fernruf: Zentrum 10181 — 10389
Telegrammadresse: Beregen Berlin

Berlin W 8, den 27. November 1930
Voßstraße 35

Herrn
Direktor des Reichsbahn-Zentralamts
für Einkauf Dr.-Ing. S p i r o

Berlin

Ich übertrage Ihnen vom 1. Dezember 1930 ab die Leitung des Reichsbahn-Zentralamts für Einkauf mit der Dienstbezeichnung "Direktor des Reichsbahn-Zentralamts für Einkauf". Zugleich bestelle ich Sie bis zum 31. Dezember 1933 zum vorsitzenden Amtsleiter der Reichsbahn-Zentralämter.

Deutsche Reichsbahn-Gesellschaft
Der Generaldirektor.

Ernennungsurkunde für Ernst Spiro zum Direktor des Zentralamts für Einkauf, 27. November 1930, gezeichnet Dorpmüller. Privataufnahme

Reichsbahndirektionspräsidenten. Gleichzeitig hat er Spiro vorläufig »bis zum 31. Dezember 1933 zum vorsitzenden Amtsleiter der Reichsbahn-Zentralämter« bestellt. Aus dem preußischen Altona, das ihm ans Herz gewachsen war, ging Spiro also Ende 1930 ein wenig ungern nach Berlin.

Die Jahre 1931 und 1932 im Leben der Familie Spiro verliefen recht unauffällig. Die Kinder schlossen die Schulzeit ab und bereiteten sich jeweils auf ihr Studium vor. Bei einem Vortrag im Berliner Bezirksverein der Deutschen Ingenieure am 2. Dezember 1931 legte Ernst Spiro erste Ergebnisse seiner neuen Tätigkeit im Zentralamt dar.[32] Während jener ersten Zeit in Berlin wohnte Spiro in der Flotowstraße 7 am Schleswiger Ufer der Spree, wie auch im »Jüdischen Adressbuch für Groß-Berlin« von 1931 zu lesen steht. Hausbesitzer war ein Schwede namens Nyman.[33] Die Lage des großen Mietshauses im Hansaviertel von Moabit (Postbezirk NW 87) am Bahnhof Tiergarten war gediegen, doch zog die Familie bereits 1932 in eine »feinere Gegend« um, nämlich in die Trabener Straße 39 unweit des Bahnhofs Grunewald. Als Hauseigentümer stand nun »Jacob Moser, Kaufmann in Bernstein & Comp., Spezialgeschäft für Nähmaschinen und Fahrräder« im Adressbuch. Mit Spiro im Haus wohnten ein Apothekenbesitzer Otto Ebel und ein Eisenbahnangestellter namens Friedrich Gehrke.[34]

Das 1913 erbaute Dienstgebäude des Reichsbahn-Zentralamts Berlin am Halleschen Ufer 35/36, um 1928. Foto: Friedrich Witte

In dem grundlegenden »Deutschen Verkehrsbuch« des Reichsbahndirektors und Privatdozenten Hans Baumann von 1931 wurden unter Spiros Leitung die drei Abteilungen des Reichsbahn-Zentralamts für Einkauf zur Beschaffung von Eisen, Stahl und Holz (Leiter: Direktor bei der Reichsbahn Alfred Fabian), für den Einkauf von Fahrzeugen (Leiter: Direktor bei

der Reichsbahn Emil Krause) sowie für den Einkauf von Kohlen und anderen Stoffen (Leiter: Direktor bei der Reichsbahn Franz Fillié) genannt.[35]
Erst allmählich gelang es, die beständigen Eingriffe des Reichsbahn-Vorstandsmitglieds Hammer in die Arbeit des Zentralamts einzudämmen. Am 11. Januar 1933 hielt Direktor Ernst Spiro vor der Verwaltungs-Akademie in Berlin einen weiteren Vortrag aus seinem Tätigkeitsgebiet, nämlich über die volkswirtschaftliche Bedeutung der Verdingungsvorschriften. Es entsprach den bald darauf eintretenden politischen Veränderungen, dass dieser Auftritt von nationalsozialistischer Seite stark angefeindet wurde.[36]

Jüdische Beamte bei der Deutschen Reichsbahn

Als Hitler am 30. Januar 1933 an die Macht gekommen war, dauerte es mehrere Monate, bis die Position des in den Jahren zuvor von der NSDAP heftig angefeindeten Reichsbahn-Generaldirektors Dorpmüller wieder gefestigt erschien und diese gegensätzlichen Männer einen Pakt vor allem bezüglich der Autobahnplanung eingegangen waren.[37] Auch der als Verfasser des »Deutschen Verkehrsbuchs« von 1931 erwähnte Reichsbahndirektor Dr. Dr. Hans Baumann (1888–

1967) wurde wegen seiner jüdischen Vorfahren spätestens seit Februar 1933 öffentlich angegriffen. Dorpmüller unterwarf sich bald rückhaltlos den Vorgaben des »Gesetzes zur Wiederherstellung des Berufsbeamtentums« vom 7. April 1933, mit dem die Entlassung von jüdischen und politisch links stehenden Beamten formal legalisiert wurde. Bald darauf machte ein radikal antisemitisches Flugblatt der »NS-Fachschaft ›Reichsbahn‹« vom 12. Mai 1933 die folgenden Fragen an Dorpmüller öffentlich: »1. Warum wird noch der jüdische Reichsbahndirektor Dr. Dr. Baumann in der Hauptverwaltung mit der Behandlung der Pressefragen beschäftigt, obgleich feststeht, daß er ein typischer Vertreter des gestürzten Systems ist und aus blutsmäßiger Gebundenheit dem Nationalsozialismus entgegenarbeiten muß? – 2. Warum wird der wichtigste Posten des Finanzdirektors des größten Unternehmens und wertvollsten Gutes des deutschen Volkes nach wie vor dem Juden Homberger überlassen? Die nationalsozialistischen Reichsbahnbeamten sehen in der verhängnisvollen Finanzpolitik der Hauptverwaltung das Wirken jüdischen Geschäftsgeistes zum Schaden des deutschen Volkes. – 3. Warum beabsichtigen Sie, den Juden Dr. Spiro wieder mit der Behandlung wichtiger Wirtschaftsfragen zu betrauen? – 4. Sind Sie der Überzeugung, daß die Tätigkeit der übrigen jüdischen Oberbeamten so

Fachschaft „Reichsbahn"

RBD-Bez. Berlin

Beamtenabteilung der Reichsleitung der NSDAP. (Gau Groß-Berlin)

22

Eisenbahner! Herhören!

Die nachstehend aufgeführten Fragen wurden in den ersten großen Eisenbahner-Kundgebungen am 12. Mai 33 im Kriegervereinshaus und der Schultheiß-Patzenhofer-Brauerei an den Herrn

Generaldirektor Dr. Dorpmüller

gestellt.

1. Warum wird noch der jüdische Reichsbahndirektor Dr. Dr. Baumann in der Hauptverwaltung mit der Behandlung der Preisefragen beschäftigt, obgleich feststeht, daß er ein typischer Vertreter des gestürzten Systems ist und aus blutsmäßiger Gebundenheit heraus dem Nationalsozialismus entgegenarbeiten muß?
   Warum dulden Sie, daß Baumann heute noch sein Judentum ableugnet, obgleich feststeht, daß er als Sohn des Isidor Baumann 1888 in Landsberg a. Warthe geboren wurde?
2. Warum wird der wichtigste Posten des Finanzdirektors des größten Unternehmens und wertvollsten Gutes des deutschen Volkes nach wie vor dem Juden Homberger überlassen?
   Die nationalsozialistischen Reichsbahnbeamten sehen in der verhängnisvollen Finanzpolitik der Hauptverwaltung das Wirken jüdischen Geschäftsgeistes zum Schaden des deutschen Volkes.
3. Warum beabsichtigen Sie, den Juden Dr. Spiro wieder mit der Behandlung wichtiger Wirtschaftsfragen zu betrauen?
4. Sind Sie der Ueberzeugung, daß die Tätigkeit der übrigen jüdischen Oberbeamten so wertvoll war, daß auf ihre Weiterbeschäftigung nicht verzichtet werden kann?
5. Ist Ihnen der Gedanke nicht unerträglich, daß Sie und Ihre leitenden Beamten noch heute Gehälter beziehen, die mit der Not des gesamten deutschen Volkes, insbesondere mit dem Elend der abgebauten Eisenbahner, unvereinbar sind?
6. An wen und für welchen Zweck wurden die Millionenbeträge, die von den leitenden Beamten aus den Geheimkonten entnommen wurden, gezahlt?
7. Erschienen Ihnen die von der Hauptverwaltung gezahlten hohen Subventionen an die Systempresse wichtiger, als die Weiterbeschäftigung der Ihnen anvertrauten Arbeiter?
   Der Gesamtbetrag der über Geheimkonto an die Deutsche Allgemeine Zeitung innerhalb von wenigen Jahren gezahlt wurde, beträgt beispielsweise 1,8 Millionen.
8. Wollen Sie innerhalb kürzester Zeit dafür sorgen, daß die in der Presse dauernd betonte Uebereinstimmung mit der Regierung Hitler in einer Gleichschaltung des leitenden Beamtenkörpers zum Ausdruck kommt?

Herr Generaldirektor Dr. Dorpmüller, wir nationalsozialistischen Eisenbahner erwarten eine Antwort bis zum 22. d. M.

Die Antwort des Herrn Generaldirektors auf unsere Fragen wird auf der zweiten großen

Eisenbahner-Kundgebung

am Montag, den 22. Mai, in den Tennishallen Wilmersdorf,

Brandenburgische Straße 53, bekanntgegeben.

Karten im Vorverkauf zum Preise von RM. 0,50 sind bei allen Vertrauensleuten zu haben. Da wieder mit einer polizeilichen Sperrung des Saales gerechnet wird, ist es zweckmäßig, Karten im Vorverkauf zu erwerben.

Fahneneinmarsch. Beginn 19 Uhr. Saaleröffnung 17 Uhr.

Es spielt die Fachschaftskapelle. Eintritt RM. 0,50.

Flugblatt der »NS-Fachschaft ›Reichsbahn‹« vom Mai 1933 mit der Forderung an Generaldirektor Dorpmüller, die jüdischen Beamten zu entlassen. Bild: Bundesarchiv Berlin

wertvoll ist, daß auf ihre Weiterbeschäftigung nicht verzichtet werden kann?«[38]
Die Entscheidungen des Reichsbahn-Verwaltungsrats und des Generaldirektors Dorpmüller in diesen Personalangelegenheiten fielen trotz der pseudolegalen Regelungen im »Berufsbeamtengesetz« recht unterschiedlich aus: Ludwig Homberger (1882–1954) war seit 1931 als Vorstandsmitglied der Reichsbahn-Gesellschaft und Leiter ihrer Finanzabteilung im Dienst. Er war jüdischer Herkunft, aber längst evangelisch getauft, und blieb als alter bayerischer Beamter aus der Zeit vor dem Ersten Weltkrieg noch bis Ende 1935 im Amt. Die Reichsbahn mochte auf seine Kenntnisse ungern verzichten. Öffentlich trat er nicht mehr in Erscheinung. 1938 konnte er in die Vereinigten Staaten emigrieren.[39]
Der Pressereferent Hans Baumann war von Nationalsozialisten als »Halbjude« diffamiert worden. Er wurde von seinem prominenten Posten auf eine Funktion bei der »Reichsbahnzentrale für den deutschen Reiseverkehr« abgeschoben, die der Reichsbahn gehörte. Von 1936 bis 1945 war Baumann sogar mit unbedeutenden »Sonderaufgaben« bei der Reichsbahn betraut. Nach Kriegsende trat er wieder bei der Staatsbahn an und starb 1954 in Frankfurt am Main.
Dagegen gelang es Julius Dorpmüller nicht, Ernst Spiro wenigstens bis zum Jahresende 1935 im Dienst

zu halten, wie es der »Hindenburg-Paragraph« im Berufsbeamtengesetz für eine ganze Reihe anderer Fälle ermöglichte. Offenbar war Spiros Stellung als ungetaufter Jude an der Spitze eines Reichsbahn-Zentralamts deutlich zu exponiert, um ihn nur über den Spätsommer 1933 hinaus im Amt zu belassen.

Die Entlassung Ernst Spiros im Sommer 1933

Als Anfang Februar 1933 über dem Zentralamtsgebäude in Berlin am Halleschen Ufer 35/36 (heutige Hausnummer 76) eine Hakenkreuzfahne aufgezogen wurde, folgte Ernst Spiro klugerweise einem diskreten Rat aus der Reichsbahn-Hauptverwaltung von Julius Dorpmüller und seinem bald darauf abgesetzten Stellvertreter Wilhelm Weirauch nicht, er solle einfach »den Bahnschutz schießen lassen.«
In der Hoffnung, die ganze Aufregung werde sich bald wieder legen, begaben sich Ernst Spiro und seine Frau Margarete schon im Februar 1933 an Bord des Dampfers »Oceana« auf eine schon länger geplante Mittelmeerreise. Unterwegs erfuhr er per Telegramm, dass auch den Bahnen Ägyptens durchaus daran gelegen sei, einen Mann seines Formats künftig zu ihren Ratgebern zählen zu dürfen, doch Spiro lehnte ab. Er kehrte heim nach Deutschland, wo er am 4. Juni 1933 in bedrückter

Stimmung seinen 60. Geburtstag feierte. Im öffentlichen Beamtenverzeichnis der Reichsbahn für das Jahr 1933, das gleichzeitig nach dem Stand des Monats März 1933 erschien, war der Direktor Spiro ein letztes Mal namentlich aufgeführt.[40] Schon bald darauf ließ Julius Dorpmüller ihm schriftlich mitteilen, Ernst Spiro sei aus politischen Gründen bis auf weiteres »beurlaubt« worden. Diesen Brief überbrachte in seinem Auftrag Ferdinand Windscheid persönlich, damals Präsident des Hauptprüfungsamts der Reichsbahn, der anschließend dem »Bund Nationalsozialistischer Juristen« beitrat. Beides hat ihm Spiro von Herzen übelgenommen. Doch selbst Windscheid musste im März 1934 seinen Posten aufgeben.[41]

Im Juli 1933 erhielt Ernst Spiro ein weiteres Schreiben des Reichsbahn-Generaldirektors Dorpmüller, wonach er bei vollem Gehalt in den Ruhestand versetzt worden sei. In einem privaten Brief soll Dorpmüller sogar der Hoffnung Ausdruck verliehen haben, dass der politische »Spuk« bald vorüber wäre und er danach Spiro wieder als Reichsbahnbeamten werde begrüßen können. Spiro war entsetzt von dem Vertrauensbruch seines alten Freundes. Dieses Papier hat der Empfänger 1938 vorsichtshalber verbrannt.[42]

Noch eine ganze Reihe langjähriger Beamter der Reichsbahn war ab Februar 1933 neben Ernst Spiro von antisemitischer Drangsal betroffen. In seinem persönlichen Exemplar des gedruckten »Verzeichnisses der oberen Reichsbahnbeamten« nach dem Stand vom März 1933 hat er die Namen jener Männer allein auf dem ihm besonders vertrauten Gebiet der Maschinenbauer markiert, die als »nicht arisch« oder »jüdisch versippt« galten und deshalb unter Druck gerieten.[43] Nur einem Teil von ihnen ist es gelungen, rechtzeitig das Deutsche Reich zu verlassen. Andere hatten das Schicksal, ab Oktober 1941 mit Sonderzügen der Deutschen Reichsbahn in die Lager nach Litzmannstadt, Minsk, Riga, Warschau, Lublin, Theresienstadt und Auschwitz deportiert zu werden, wo sie der Tod erwartete.

So war bis 1933 unter Ernst Spiro im Zentralamt für Einkauf der jüdische Reichsbahn-Oberrat Ernst Reichenheim (1881–1942) als Dezernent 54 für den »Einkauf der Werkstoffe aus Eisen und Stahl« tätig. Auch er wurde entlassen und am 14. Dezember 1942 nach Auschwitz verschleppt. Der Dezernent 64 für den »Einkauf elektrischer Lokomotiven, der Triebwagen aller Art und der Kraftwagen für Gleisverkehr«, der jüdische Reichsbahn-Oberrat Curt Heilfron (geb. 1879), wurde gleichfalls entlassen, konnte aber nach Dublin (Irland) emigrieren.[44]

Scheinbar sachlich meldete die Zeitschrift »Die Reichsbahn« in ihrer Ausgabe vom 4. Oktober 1933 als Personalnachricht die Ungeheuerlichkeit: »In den

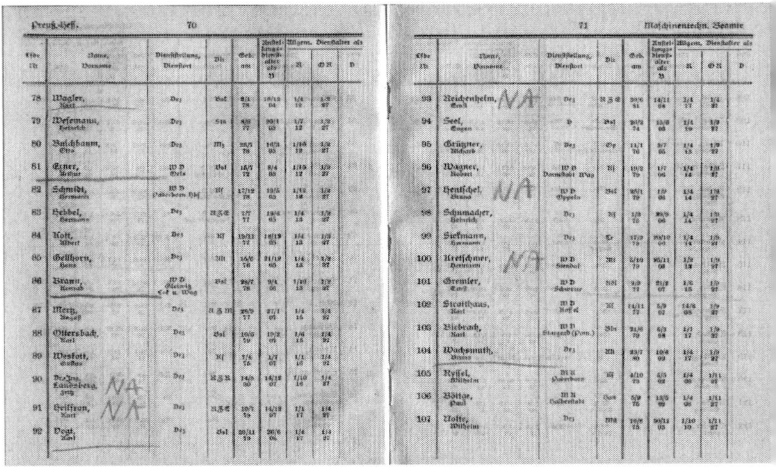

Zwei Seiten im »Verzeichnis der oberen Reichsbahnbeamten« für 1933 mit Spiros Markierung seiner »nicht-arischen« Kollegen Landsberg, Heilfron, Reichenheim, Hentschel und Kretschmer.
Bild: Deutsches Technikmuseum

Ruhestand getreten – Dr.-Ing. Ernst Spiro, Direktor des Reichsbahn-Zentralamts für Einkauf.«[45] Zum 30. September 1933 schied Spiro also »aus dem aktiven Dienst der Reichsbahn offiziell aus, um in den Ruhestand zu treten.« So stand es in einem sehr persönlich gehaltenen Schreiben an Ernst Spiro seines Kollegen Wilhelm Niemann (1872–1951), der damals als Direktor des organisatorisch »benachbarten« Reichsbahn-Zentralamts für Bau- und Betriebstechnik wirkte. Er sprach protokollarisch als dienstältester Beamter unter den Direktoren zugleich für die beiden Kollegen Curt Emmelius (1882–1968) vom Reichsbahn-Zentralamt für Maschinenbau und Theodor Gaier (1874–1952) vom Reichsbahn-Zentralamt für Rechnungswesen.

Zugleich übernahm Emmelius als kommissarischer Leiter im Sommer 1933 die Amtsgeschäfte Spiros im Zentralamt für Einkauf. Bald darauf ging ein Teil der Aufgaben zum 1934 neugegründeten Reichsbahn-Zentralamt München über. Am Ende beachtete man eine wichtige Empfehlung Spiros nicht mehr: Curt Emmelius wurde am 1. August 1936, als die vier getrennten »Spartenämter« wieder zusammengelegt waren, zum neuen Chef des vereinigten Reichsbahn-Zentralamts Berlin bestellt. Er trat zum 1. Mai 1937 der NSDAP bei. Bis 1947 wirkte er als Präsident des Eisenbahn-Zentralamts Göttingen; ähnliches war Ernst Spiro nicht mehr vergönnt.[46]

Der Bruder Georg Spiro als Arzt in Berlin

Neben Ernst Spiro erlebten zwei seiner Brüder den Machtwechsel 1933: Georg Spiro, der älteste Sohn von Simon und Ida Spiro, erblickte am 21. Juni 1870 in Ostrowo das Licht der Welt. Er war also drei Jahre älter als Ernst und mochte, so die Familiensaga, sein Medizinstudium vielleicht einem Lotteriegewinn verdanken. Bereits im Herbst 1893 veröffentlichte er eine kurze, auf Veranlassung von Professor Karl Bernhard Lehmann (1858–1940) am Hygienischen Institut der Universität Würzburg erarbeitete Dissertation mit dem Titel »Einige Untersuchungen über die physikalische Beschaffenheit des Brotes«. Den Druck dieser Arbeit hat er »seinen teuren Eltern zur Silberhochzeit in treuer Kindesliebe« gewidmet.[47]

In den folgenden Jahren war Georg Spiro als Schiffsarzt auf den Weltmeeren unterwegs, dann ließ er sich in Berlin nieder. Um das Jahr 1903 veröffentlichte er als junger Augenarzt einen umfangreichen Aufsatz in der Berliner »Zeitschrift für Kinderheilkunde«. Allmählich wurde Georg Spiros politische Haltung als »Naumannianer« oder »Naumann-Jude« auffällig. Diese antizionistische Gruppe unter dem Namen »Verband nationaldeutscher Juden« hatte etwa 3500 Mitglieder. Sie hieß nach dem jüdischen Rechtsanwalt Dr. Max Naumann (1875–1939) und bestand bis zum 18. November 1935. Dieser Mann betrieb eine recht sonderbare Politik der radikalen Abgrenzung zwischen »deutschen Juden« und den von ihnen verachteten »Ostjuden« im Reich, wobei er selbst vor der Übernahme einiger politischer Positionen Hitlers nicht völlig zurückschreckte.[48]

Georg, Ernst und Max Spiro (von links) waren 1924 zur Hochzeit ihrer Nichte Margot Goldschmidt, einer Tochter ihrer Schwester Sophie, nach Breslau gekommen. Foto: Sammlung Peter Fraenkel

In dem bekannten »Jüdischen Adressbuch für Groß-Berlin« der »Goedega-Verlags-Gesellschaft« von 1931, das heute als Nachdruck vorliegt, stehen die Namen der beiden Brüder Ernst und Georg Spiro dicht nacheinander.[49] Im Berliner Adressbuch von 1935 ist seine Praxis mit den Worten »Georg Spiro, Dr. med., Sanitätsrat, Augenarzt, Berlin W 57, Potsdamer Straße 85, Telefon« eingetragen. Darüber war der entsprechende Eintrag über seinen Bruder zu lesen: »Ernst Spiro,

Reichsbahndirektor i. R., Grunewald, Trabener Straße 39, Telefon.«[50]
Am 7. August 1935 ist Georg Spiro in einer Berliner Klinik verstorben. Die Urne mit seiner Asche wurde am 15. August 1935 auf dem Jüdischen Friedhof in Weißensee beigesetzt. Die Trauerfeier hat der Bruder Ernst bestellt.[51] Eine Gefährtin oder Ehefrau Georg Spiros war zuvor nicht in Erscheinung getreten.[52]

Max Spiro, der Erbe in Ostrowo und in Auschwitz

Ernst Spiros anderthalb Jahre älterer Bruder Max wurde am 10. Oktober 1871 in Ostrowo geboren. Der zweite Sohn seiner Eltern übernahm dort spätestens im Alter von 26 Jahren das Geschäft des Vaters. Dieser war 1897 verstorben, seine Witwe Ida Spiro bald in die Nähe ihrer Tochter Sophie nach Breslau gezogen, wo sie 1917 starb. Für das städtische Gemeinwesen im Südosten der Provinz Posen trat Max Spiro – trotz einer Behinderung an der Hand – als Chef der freiwilligen Feuerwehr hervor.
Nach dem Tod seines Vaters war Max Spiro im »Adressbuch der Stadt Ostrowo mit den Nachbarorten Adelnau, Neuskalmierschütz, Skalmierzyce und Krempa« aus dem Verlag der Buchdruckerei Gebr.

Cyrus vom Oktober 1913 als einziger Träger seines Nachnamens in jener Stadt unter der Adresse »Ring 31« mit der Berufsbezeichnung »Kaufmann« eingetragen. Im Haus waren außerdem die Namen »Salo Lewek, Kaufmann« nebst »Fräulein Johanna Lewek« sowie »Bruno von Tecklenburg, Hauptmann und Kompagnie-Chef« als Mieter vermerkt.[53]

Blick über den »Ring« in Ostrowo nach einer Ansichtskarte von 1910 mit dem Haus des Kaufmanns Max Spiro, Hausnummer 31
Bild: Sammlung Jürgen Krause

Eine alte Bildpostkarte zeigt den »Ring« in Ostrowo während der letzten Jahre vor dem Ersten Weltkrieg. Am linken Bildrand steht das Bauwerk mit der Hausnummer 35 von »Globus«, nach rechts schließen sich sodann Max Kutschkers Hotel (Nr. 34) und das zweigeschossige Geschäftsgebäude des Bezirksvorstehers und Kaufmanns Anton Flieger (Nr. 33) an. Es folgen ein höheres Gebäude (Nr. 32) und zuletzt das bescheidene Geschäftshaus des Kaufmanns Max Spiro mit der Hausnummer 31, sogar mit einem Telefonanschluss, Rufnummer 21. Von den 12.000 Einwohnern, welche die Stadt damals besaß, waren etwa zwei Drittel Polen und ein Drittel Deutsche. Jeder zehnte Einwohner von Ostrowo war Jude.

Max Spiro und seine Frau Gertrude, geb. Aschert (1876–1942), hatten drei Töchter, die in der Zeit vor dem Ersten Weltkrieg zur Welt kamen: Edith Spiro (1904–2004), die älteste, konnte dem Holocaust durch ihre Ehe mit dem nichtjüdischen Pädagogen Peter

Der Bruder Max Spiro mit seiner Frau Gertrude, aufgenommen um 1903.
Foto: Edith Spiro Schirbel Album

Max Spiro bei einem seiner letzten Ferienaufenthalte in Gastein, um 1939.
Foto: Edith Spiro Schirbel Album

Schirbel in einer »Mischehe« entgehen. Er verlor unter Hitler seinen Beruf und konnte ihn nach 1945 erfolgreich im Ruhrgebiet wieder aufnehmen.[54]

Elfriede Spiro (1907–1970), die zweite Tochter, emigrierte nach Italien und heiratete dort den jüdischen Physiker Emilio Segrè (1905–1989). Sie hatten drei Kinder. Als aber Italien ab 1938 an den Hochschulen eine antisemitische Politik einschlug, wanderte die Familie nach Nordamerika aus. Segrè war zuletzt in Los Alamos am Bau der amerikanischen Atombombe beteiligt. Im Jahr 1959 erhielt er zusammen mit Owen

Chamberlain für die Entdeckung des Antiprotons den Nobelpreis für Physik.[55] Die dritte Tochter von Max und Gertrude Spiro, Lilli Spiro (1914–1992), wanderte als Krankenschwester nach England aus und starb später kinderlos in den Vereinigten Staaten.[56]

Mit dem Ausgang des Ersten Weltkriegs erhob sich am 7. November 1918 die polnische Bevölkerungsmehrheit auch in Ostrowo gegen die deutsche Herrschaft und erklärte die Stadt am 10. November 1918 vorübergehend zur autonomen »Republika Ostrowska« (Republik Ostrowo). Im Verlauf des »Großpolnischen Aufstands« kam Ostrowo am 31. Dezember 1918 endgültig unter polnische Kontrolle und wurde am 28. Juni 1919 mit der Unterzeichnung des Versailler Vertrags offiziell an die neugegründete Republik Polen abgetreten. Daraufhin verließen viele Deutsche ihre Heimat.

So fanden Max Spiro und seine Frau, die sich beide als Deutsche fühlten, eine neue Heimat in Breslau. In diese Stadt gab es bereits vielfältige familiäre Verknüpfungen, etwa zur Schwester Sophie und dem Schwager Max Goldschmidt. In Breslau wohnten Max und Gertrude Spiro länger in der Kürassierstraße, zuletzt in der Scharnhorststraße 10. Durch ein Haus, dessen Mieteinnahmen nach staatlichen Maßnahmen eingefroren waren, gerieten sie bald in Schwierigkeiten und mussten seine Brüder um Hilfe bitten.[57]

Unter der nationalsozialistischen Politik nahm Max Spiro im Jahre 1938 seinen zweiten Vornamen Moses erneut an und entging damit zunächst dem Zwang zum Tragen des für männliche deutsche Juden ab Januar 1939 eingeführten Vornamens »Israel«. Nach dem deutschen Überfall auf Polen vom Herbst 1939 wurde seine Geburtsstadt Ostrowo für die folgenden fünfeinhalb Jahre bis Anfang 1945 dem deutschen »Reichsgau Wartheland« einverleibt, doch kehrte er dorthin nicht zurück.
Max Spiro wurde vermutlich im Februar oder März 1942 in Breslau nach einer Denunziation wegen des Verdachts auf »Schwarzhandel« verhaftet. Er wurde daher nicht in einem »großen Transport« – wie viele andere Juden aus Breslau – deportiert, sondern am 3. Juli 1942 als ein jüdischer Strafhäftling nach Auschwitz gebracht, vermutlich also in einem Zellenwagen verschleppt. So mag sich erklären, warum er trotz seines vorgerückten Alters von bereits 71 Jahren nicht zunächst nach Theresienstadt überstellt, sondern als Häftling in Auschwitz registriert wurde, ehe man ihn ermordete. Ein zweifelhafter Totenschein, unterschrieben in Auschwitz von einem Dr. med. [Eduard] Kreibich und beglaubigt von dem berüchtigten »Standesbeamten« namens Walter Quakernack am 16. Juli 1942, nennt für »Max Israel Spiro« als Todestag den 10. Juli 1942 sowie als Todesursache »Altersschwäche.«

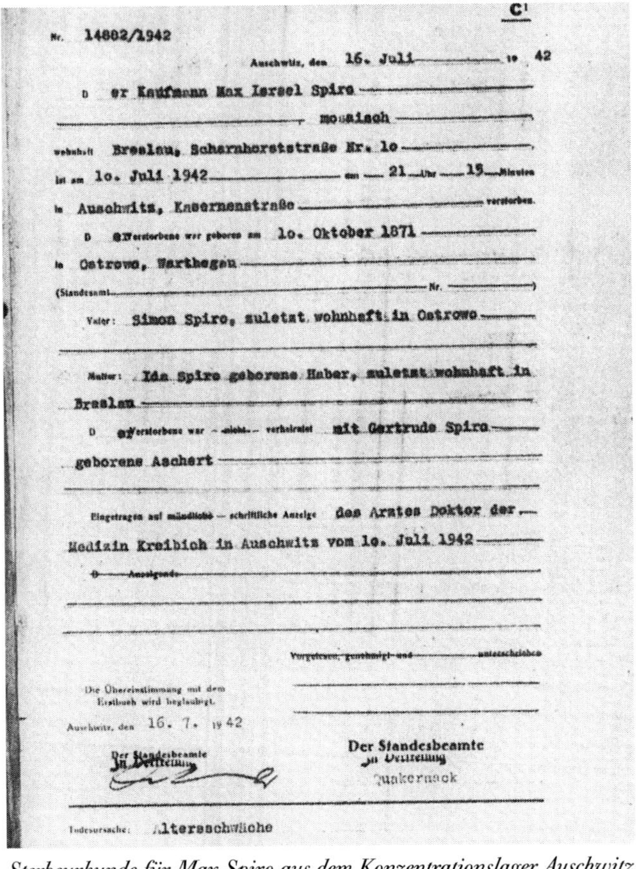
C¹

Nr. 14882/1942

Auschwitz, den 16. Juli 1942

Der Kaufmann Max Israel Spiro

mosaisch

wohnhaft Breslau, Scharnhorststraße Nr. 10

ist am 10. Juli 1942 um 21 Uhr 15 Minuten

in Auschwitz, Kasernenstraße verstorben.

Der Verstorbene war geboren am 10. Oktober 1871

in Ostrowo, Warthegau

(Standesamt Nr.)

Vater: Simon Spiro, zuletzt wohnhaft in Ostrowo

Mutter: Ida Spiro geborene Haber, zuletzt wohnhaft in Breslau

Der Verstorbene war ~~nicht~~ verheiratet mit Gertrude Spiro geborene Aschert

Eingetragen auf ~~mündliche~~ – schriftliche Anzeige des Arztes Doktor der Medizin Kreibich in Auschwitz vom 10. Juli 1942

~~Der Anzeigende~~

Vorgelesen, genehmigt und unterschrieben

Die Übereinstimmung mit dem Erstbuch wird beglaubigt.

Auschwitz, den 16. 7. 1942

Der Standesbeamte In Vertretung

Der Standesbeamte In Vertretung Quakernack

Todesursache: Altersschwäche

Sterbeurkunde für Max Spiro aus dem Konzentrationslager Auschwitz, Nr. 14 882/1942 vom 16. Juli 1942. Bild: ITS Bad Arolsen

Schon einige Wochen zuvor war seine Ehefrau Gertrude Spiro aus Breslau deportiert worden, getrennt von ihrem Mann. Sie wurde mit dem zweiten Transport von Juden aus Breslau am 13. April 1942 nach der Kleinstadt Izbica im Distrikt Lublin des »Generalgouvernements« verschleppt. Am Ende eines mehrwöchigen Aufenthalts unter schlimmsten Umständen in diesem »Durchgangsghetto« wurde sie weiter zu einer Gaskammer der »Aktion Reinhardt« am Ostrand des besetzten Polen transportiert, vermutlich in das Vernichtungslager Bełżec. In dieser furchtbaren Tötungsstätte wurden bis zum Jahresende 1942 etwa 434.000 Juden aus Polen und aus dem Reich ermordet.[58]

Ernst Spiros Emigration und sein Tod in London

Gegen Ende des Jahres 1937, wohl anlässlich des bevorstehenden 65. Geburtstags, ließ sich Ernst Spiro noch einmal porträtieren. Seine Wahl fiel auf die angesehene Berliner Fotografin Rose Nicolaier (1885–1957), die ein Atelier am Kurfürstendamm 177 in Wilmersdorf hatte. Im folgenden Jahr floh sie über England nach Amerika und starb später in New York.
Erst wenige Monate vor dem Beginn des Zweiten Weltkriegs gelang Ernst Spiro mit seiner Frau im April

1939 die Flucht nach England, wo sich ihr Sohn Ludwig Siegmund bereits seit Anfang März 1938 befand. Die Ereignisse der Pogromnacht vom 9. auf den 10. November 1938 hatten den inzwischen im Rentenalter stehenden ehemaligen Bahnbeamten gelehrt, dass Hitler und dessen Schergen vor nichts zurückschreckten.
Zunächst wohnte die Familie recht beengt im Haus des Sohnes in Kingsbury im Nordwesten der britischen Hauptstadt. Im März 1949 zogen sie in eine eigene kleine Wohnung im nahegelegenen Vorort Wembley Park um.
In London versuchte Ernst Spiro zunächst, als Teil der »deutschen Kolonie« unter anderen Emigranten zu leben. Nur zögernd benutzte der inzwischen 67-jährige Spiro die englische Sprache, die er nicht sonderlich beherrschte. Eines Tages traf er völlig unerwartet auf der Oxford Street im Stadtzentrum den erst zum Jahresende 1935 entlassenen und gleichfalls vor dem Krieg nach England emigrierten Reichsbahndirektor Alfred Baumgarten (1875–1951). In der Fremde erneuerte sich ihre Freundschaft. Baumgarten war in der Reichsbahn-Hauptverwaltung einer der Väter des ersten »Rheingoldzugs« und des modernen Kursbuchs der Reichsbahn gewesen. Zuletzt hatte Alfred Baumgarten von 1933 bis 1935 das Verkehrs- und Baumuseum in Berlin geleitet.[59]

Arbeiten konnte und durfte Ernst Spiro in London nicht. Im Juni 1940, nach dem deutschen Einmarsch in die Niederlande, Belgien und Frankreich, wurde er von den britischen Behörden sogar vorübergehend – mit dreißigtausend Flüchtlingen aus Deutschland – als »Enemy Alien« (feindlicher Ausländer) auf der Isle of Wight interniert. Seinen Sohn Ludwig Siegmund Spiro hielt man dort für längere Zeit fest.

Im Zweiten Weltkrieg wurde das Ausbesserungswerk Trier am 1. April 1943 bei einem britischen Bombenangriff beschädigt.[60] Am Kriegsende zerbrachen die alte Deutsche Reichsbahn und das Berliner Reichsverkehrsministerium. Generaldirektor Dorpmüller, der seit Februar 1937 noch als Hitlers zweiter Verkehrsminister agiert hatte, starb am 5. Juli 1945 in Malente in Holstein. Er hatte sich zuvor in die Nähe des Großadmirals Dönitz abgesetzt, der in Flensburg zuletzt die Rolle eines deutschen Staatsoberhaupts spielte.

Seit dem Sommer 1945 erhielt Ernst Spiro in London viele Briefe von alten »arischen« Kollegen aus den westlichen deutschen Besatzungszonen, die seine Empfehlung und einen »Persilschein« benötigten. So hat er in dem ehemaligen Ludwigshafener Reichsbahn-Direktionspräsidenten Hermann Angerer (1875–1958), dessen Pensionszahlungen nach dem Krieg zeitweilig gesperrt waren, einem alten bayerischen Werkstättenkollegen materiell geholfen.[61]

Ernst und Margarete Spiro mit dem 1942 geborenen Enkelkind Stephen in London, um 1945. Privataufnahme

Am 7. Januar 1950 ist Dr.-Ing. Ernst Spiro in der britischen Hauptstadt verstorben. Er wurde 76 Jahre alt. Zuvor hatte ihn die kurz vorher geschaffene Deutsche Bundesbahn gegen Ende des Jahres 1949 nochmals »in seine alten Beamtenrechte« eingesetzt, doch schloss er die Augen für immer, ohne sein zerrissenes Vaterland noch einmal wiedergesehen zu haben.
Ernst Spiros Asche wurde auf dem Friedhof »Willesden Liberal Jewish Cemetery« in London NW 10 an

der Pound Lane des Borough of Brent beigesetzt. Daneben befinden sich die Grabstätten seiner am 4. März 1970 in London verstorbenen Ehefrau Margarete und ihres am 3. November 2011 verstorbenen Sohnes Ludwig Siegmund Spiro.[62] Die Asche der Schwiegertochter Anna Spiro, geb. Friedmann, ist dort ebenfalls bestattet. In der Umgebung dieser letzten Ruhestätte stehen zahlreiche gleichzeitig um 1950 errichtete Grabsteine mit solchen Namen wie Blum, Fromm, Gumb, Heymann, Kirschbaum, Levy, Loeb, Lux, Pollack, Semmel, Siegel und Wollenberg. Sie bezeugen weitere jüdische Emigrantenschicksale in England.

In ihrer Ausgabe vom 5. August 1952 brachte die Zeitschrift »Die Bundesbahn«, das Amtliche Organ der Hauptverwaltung der Deutschen Bundesbahn, in ihrem »nichtamtlichen Teil« einen gemeinsamen Nachruf auf die aus Deutschland vertriebenen jüdischen Reichsbahnbeamten Ernst Spiro und Alfred Baumgarten. Der Text stammte aus der Feder des damaligen Leiters der allgemeinen Verwaltungsabteilung in der Bundesbahn-Hauptverwaltung in Offenbach am Main und späteren Präsidenten des Bundesbahn-Hauptprüfungsamts, des Ministerialdirigenten Dr. Karl Ottmann (1892–1970).

Er hatte sich zuvor ab 1949 als Leiter des Organisationsreferats um die Wiedergutmachung für Ernst

Spiro gekümmert und schrieb nun: »Spiro war ein Mann von ungewöhnlichem Können nicht nur auf seinem Fachgebiet, sondern vor allem auch auf dem Gebiet des Verwaltungs- und Organisationswesens, auf dem er Hervorragendes geleistet hat. Die Entlassung dieser für Verwaltung und Fachgebiet repräsentativen Persönlichkeit im Jahre 1933 war ein unersetzlicher Verlust. In der Weiterentwicklung seiner noch nicht in vollem Umfang verwirklichten organisatorischen Gedanken hätte der tatkräftige, unermüdliche Mann noch vieles leisten können. Eine mitleidlose Zeit hat es anders gewollt.«[63]
Beinahe zehn Jahre später hat Ernst Spiros Witwe am 1. Juli 1961 während der Rückreise aus einem Urlaub in den schweizerischen Alpen nach England erleben können, wie die 1911 unter der Leitung ihres Ehegatten eröffnete Werkstatt in Trier den 50. Geburtstag feierte. Werkdirektor war damals Dr. Hermann Schuhmann (geb. 1906). Er führte Margarete Spiro noch einmal durch das Werk, an dessen Rand sie von 1911 bis 1920 gelebt und ihre beiden Kinder großgezogen hatte. Leider ist damals die Veröffentlichung einer Festschrift unterblieben, die der Hauptwerkmeister Matthias Kirsten (1901–1986) für Schuhmann vorbereitet hatte, und die auch Ernst Spiros Verdienste würdigen sollte.[64] Ende 1976 wurde das Bundesbahn-Ausbesserungswerk Trier geschlossen.

Bis heute gelang es der Stadt nicht, dieses Architekturdenkmal einer sinnvollen künftigen Bestimmung zuzuführen. Nur die Wohnungsgenossenschaft in der Spirostraße besteht weiterhin und verwaltet das, was sie seit mehr als einhundert Jahren besitzt: Ernst Spiros Erbe.

Anmerkungen

1 Alfred Gottwaldt: Ernst Spiro, Direktor des Reichsbahn-Zentralamts für Einkauf. In: [Zeitschrift] Deutsches Technikmuseum Berlin, Nr. 1/2013, S. 46f.

2 Alfred Gottwaldt: Die Deutsche Reichsbahn und ihre jüdischen Eisenbahner. In: Jahrbuch für Eisenbahngeschichte 34 (2002), S. 85–88; ders.: Entlassen und deportiert. Jüdische Eisenbahner unter dem Hakenkreuz. In: Bahn-Extra Nr. 5/2004, S. 50–53; ders.: Die Reichsbahn und die Juden 1933–1939. Antisemitismus bei der Eisenbahn in der Vorkriegszeit. Wiesbaden 2011, S. 110–113.

3 Brockhaus' Konversations-Lexikon. Leipzig 1894. Band 12, S. 766.

4 Bundesarchiv (Hg.): Gedenkbuch Opfer der Verfolgung der Juden unter der nationalsozialistischen Gewaltherrschaft in Deutschland 1933–1945. Koblenz 2006, S. 3309.

5 Peter Fraenkel: No Fixed Abode. A Jewish Odyssey to Africa. London (England) 2005, S. 21–29.

6 Auskunft des Archivs der Stiftung Neue Synagoge Berlin – Centrum Judaicum, Berlin, vom 20. November 2013.
7 Wilfried Feldenkirchen: Siemens, Carl Friedrich von. In: Neue Deutsche Biographie 24. Berlin 2010, S. 377–379.
8 Gebrüder Jänecke (Hg.): Verzeichnis der höheren Beamten des Reichseisenbahnamtes, der Verwaltung der Reichseisenbahnen und der in Preußisch-Hessischer Betriebsgemeinschaft stehenden Staatseisenbahnen. Hannover 1902, S. 136.
9 Alfred Gottwaldt: Dorpmüllers Reichsbahn. Die Ära des Reichsverkehrsministers Julius Dorpmüller 1920–1945. Freiburg 2009, S. 12–15.
10 Ernst Spiro: Tunneluntersuchungswagen der Kgl. Eisenbahndirektion Saarbrücken. In: Elektrische Kraftbetriebe und Bahnen 17 (1909), S. 249.
11 Denkschrift »25 Jahre Reichsbahn-Ausbesserungswerk Trier«. Trier 1936, S. 17.
12 Bericht »Eröffnung der Eisenbahnwerkstätte in Trier«. In: Trierischer Volksfreund, Ausgabe vom 1. Juli 1911.
13 John C. G. Röhl: Kaiser, Hof und Staat. Wilhelm II. und die deutsche Politik. München 1995, S. 203–222.
14 Merkbuch für die Fahrzeuge der Preußisch-Hessischen Staatseisenbahnverwaltung. Berlin 1915, S. 136.
15 Adolf Welter: Ernst Spiro. In: Heinz Monz (Hg.): Trierer biographisches Lexikon (Veröffentlichungen der Landesarchivverwaltung Rheinland-Pfalz, Band 87). Trier 2000, S. 442; Klaus Reuter: Entstehungsgeschichte der Genossenschaft. In: 75 Jahre Gemeinnützige Baugenossenschaft der Eisenbahnbediensteten Trier e. G. 1912–1987. Trier 1987, S. 13.
16 Emil Zenz: Die Straßennamen der Stadt Trier. Trier 1970, S. 102.
17 Glasers Annalen für Gewerbe und Bauwesen 71 (1912), S. 217.

18 Ernst Spiro: Der wirtschaftliche Einfluß der gebräuchlichsten Hebemaschinen auf die Lokomotiv-Ausbesserungs-Werkstätten der Eisenbahnen. Ing. Diss. TH Charlottenburg 1914.

19 Wolfram C. Kändler: Anpassung und Abgrenzung. Zur Sozialgeschichte der Lehrstuhlinhaber der Technischen Hochschule Berlin-Charlottenburg und deren Vorgängerakademien 1851 bis 1945. Stuttgart 2009, S. 113–121.

20 Spiro: Einfluß der gebräuchlichsten Hebemaschinen, S. 71.

21 Notiz »Auszeichnung« in der Trierischen Landeszeitung, Ausgabe Nr. 216 vom 17./18. August 1917.

22 Ernst Spiro: Werkstätten. In: Victor von Röll (Hg.): Enzyklopädie des Eisenbahnwesens. Berlin und Wien 1923, S. 324–356.

23 Deutsche Reichsbahn-Gesellschaft (Hg.): Verzeichnis der oberen Reichsbahnbeamten 24 (1928), S. 60.

24 Hans Baumann: Deutsches Verkehrsbuch. Berlin 1931, S. 311 und S. 330.

25 Ernst Spiro: Rationalisierung im Werkstättenwesen der Deutschen Reichsbahn (nach einem im Januar 1928 vor dem Hamburger Bezirksverein Deutscher Ingenieure gehaltenen Vortrag). In: Zeitschrift des Vereines Deutscher Ingenieure 72 (1928), S. 293–304.

26 H. W. Köbners Verlag (Hg.): Altonaer Adressbuch 123 (1924). Altona 1924, S. II-150.

27 Persönliche Mitteilung von Ludwig Spiro am 23. Juni 2004.

28 Fraenkel: No fixed Abode, S. 21f.; Erna und Johannes Jaenicke: Haber, Fritz Jacob. In: Neue Deutsche Biographie 7. Berlin 1966, S. 386–389.

29 Alfred Gottwaldt: Eisenbahner in der Fremde. Erinnerung an Paul Levy, die Hedschasbahn und die Reichsbahn. In: Eisenbahngeschichte Nr. 54 (2012), S. 70–73. Auch über den Bauingenieur Paul Levy befindet sich ein Band der Reihe »Jüdische Miniaturen« in Vorbereitung.

30 Alfred Gottwaldt: Die Reichsbahn und die Juden, S. 114–116.
31 Alfred Gottwaldt: Systematik ohne Sprünge. Erinnerung an Gustav Hammer, den »Vater des Reichsbahn-Nummernplans«. In: Eisenbahngeschichte Nr. 48 (2011), S. 20.
32 Ernst Spiro: Das Reichsbahn-Zentralamt für Einkauf (nach einem am 2. Dezember 1931 vor dem Berliner Bezirksverein Deutscher Ingenieure gehaltenen Vortrag). In: Die Reichsbahn 8 (1932), S. 502.
33 Jüdisches Adressbuch für Groß-Berlin, Ausgabe 1931 (fotomechanischer Nachdruck Berlin 1994), S. 393; Berliner Adressbuch 1931, Teil 4, S. 260; Berliner Adressbuch 1932, S. 3243.
34 Berliner Adressbuch 1933, Teil IV, S. 1276.
35 Baumann: Deutsches Verkehrsbuch, S. 99.
36 Ernst Spiro: Reichsbahn und Wirtschaft (nach einem am 11. Januar 1933 vor der Verwaltungs-Akademie zu Berlin gehaltenen Vortrag über die »Volkswirtschaftliche Bedeutung der Verdingungsvorschriften«). In: Deutsche Wirtschafts-Zeitung (Berlin), Ausgabe vom 23. März 1933, S. 271.
37 Alfred Gottwaldt: Dorpmüllers Reichsbahn, S. 85–96.
38 Bundesarchiv Berlin (Signatur R 5/15 033, Blatt 22).
39 Alfred C. Mierzejewski: The Most Valuable Asset of the Reich. A History of the German National Railway, Volume 2 (1933–1945). Chapel Hill (North Carolina, USA) 2000, S. 7–10; Alfred Gottwaldt: Die Reichsbahn und die Juden, S. 433–441.
40 Deutsche Reichsbahn-Gesellschaft (Hg.): Verzeichnis der oberen Reichsbahnbeamten 29 (1933), S. 31.
41 Das Deutsche Führer-Lexikon. Berlin 1934, S. 516.
42 Persönliche Mitteilung von Ludwig Spiro am 23. Juni 2004.
43 Faksimilierter Abdruck der Doppelseite 70/71 von 1933 bei Alfred Gottwaldt: Ernst Spiro (2013), S. 47.

44 Deutsche Reichsbahn-Gesellschaft (Hg.): Verzeichnis der oberen Reichsbahnbeamten 28 (1932), S. 462–463; Alfred Gottwaldt: Die Reichsbahn und die Juden, S. 113–116 und S. 175–177.

45 Personalnachrichten. In: Die Reichsbahn 9 (1933), S. 821–825.

46 Nachruf auf Emmelius. In: Die Bundesbahn 43 (1969), S. 290.

47 Georg Spiro: Einige Untersuchungen über die physikalische Beschaffenheit des Brotes. Med. Diss. Würzburg 1893.

48 Fraenkel: No fixed Abode, S. 22–24.

49 Jüdisches Adressbuch für Groß-Berlin. Berlin 1931, S. 393.

50 Berliner Adressbuch 1935, S. 2561.

51 Auskunft des Archivs der Stiftung Neue Synagoge Berlin – Centrum Judaicum, Berlin, vom 14. Oktober 2013.

52 Persönliche Mitteilung Peter Fraenkel vom 9. September 2013.

53 Adressbuch der Stadt Ostrowo mit den Nachbarorten Adelnau, Neuskalmierschütz, Skalmierzyce und Krempa. Ostrowo 1913, S. 44.

54 Fraenkel: No fixed Abode, S. 83.

55 Claudio G. Segrè: Atoms, Bombs and Eskimo Kisses. A Memoir of Father and Son. New York (USA) 1995.

56 Persönliche Mitteilung Peter Fraenkel vom 10. Oktober 2013.

57 Persönliche Mitteilung Peter Fraenkel vom 9. September 2013.

58 Gottwaldt und Schulle: Judendeportationen, S. 192.

59 Alfred Gottwaldt: Der »Vater des Amtlichen Kursbuchs« – Erinnerung an den Reichsbahndirektor Alfred Baumgarten. In: Dumjahn's Jahrbuch für Eisenbahnliteratur 17 (2001), S. 49–65.

60 Adolf Welter: Die Luftangriffe auf Trier 1939–1945. Ein Beitrag zur Geschichte des Trierer Landes. Trier 2003, S. 14.

61 Persönliche Mitteilung Ludwig Spiro vom 23. Juni 2004.

62 Nachruf auf Ludwig Spiro. In: AJR Journal (Association of Jewish Refugees), London (England), Ausgabe Dezember 2011, S. 15.
63 Karl Ottmann: In memoriam Ernst Spiro und Alfred Baumgarten. In: Die Bundesbahn 26 (1952), S. 513.
64 Kopie des Manuskripts im Besitz von Adolf Welter, Trier.

Literatur

Baumann, Hans: Deutsches Verkehrsbuch. Berlin 1931, S. 311 und S. 330.

Bundesarchiv (Hg.): Gedenkbuch Opfer der Verfolgung der Juden unter der nationalsozialistischen Gewaltherrschaft in Deutschland 1933–1945. Koblenz 2006, S. 3309.

Fraenkel, Peter: No Fixed Abode. A Jewish Odyssey to Africa. London (England) 2005, S. 21–29.

Gottwaldt, Alfred: Die Deutsche Reichsbahn und ihre jüdischen Eisenbahner. In: Jahrbuch für Eisenbahngeschichte 34 (2002), S. 85–88.

–: Entlassen und deportiert. Jüdische Eisenbahner unter dem Hakenkreuz. In: Bahn-Extra Nr. 5/2004, S. 50–53.

–: Dorpmüllers Reichsbahn. Die Ära des Reichsverkehrsministers Julius Dorpmüller 1920–1945. Freiburg 2009, S. 12–15.

–: Die Reichsbahn und die Juden 1933–1939. Antisemitismus bei der Eisenbahn in der Vorkriegszeit. Wiesbaden 2011, S. 110–113.

–: Ernst Spiro, Direktor des Reichsbahn-Zentralamts für Einkauf. In: [Zeitschrift] Deutsches Technikmuseum Berlin, Nr. 1/2013, S. 46f.

Mierzejewski, Alfred C.: The Most Valuable Asset of the Reich. A History of the German National Railway, Volume 2 (1933–1945). Chapel Hill (North Carolina, USA) 2000, S. 7–10.

Ottmann, Karl: In memoriam Ernst Spiro und Alfred Baumgarten. In: Die Bundesbahn 26 (1952), S. 513.

Spiro, Ernst: Tunneluntersuchungswagen der Kgl. Eisenbahndirektion Saarbrücken. In: Elektrische Kraftbetriebe und Bahnen 17 (1909), S. 249.

–: Der wirtschaftliche Einfluß der gebräuchlichsten Hebemaschinen auf die Lokomotiv-Ausbesserungs-Werkstätten der Eisenbahnen. Ing. Diss. TH Charlottenburg 1914.

–: Werkstätten. In: Victor von Röll (Hg.): Enzyklopädie des Eisenbahnwesens. Berlin und Wien 1923, S. 324–356.

–: Das Reichsbahn-Zentralamt für Einkauf (nach einem am 2. Dezember 1931 vor dem Berliner Bezirksverein Deutscher Ingenieure gehaltenen Vortrag). In: Die Reichsbahn 8 (1932), S. 502.

–: Reichsbahn und Wirtschaft (nach einem am 11. Januar 1933 vor der Verwaltungs-Akademie zu Berlin gehaltenen Vortrag). In: Deutsche Wirtschafts-Zeitung (Berlin), Ausgabe vom 23. März 1933, S. 271.

Über den Autor

Alfred Gottwaldt
geboren 1949 in Berlin. Studium der Rechts- und Staatswissenschaften und der Neueren Geschichte in Frankfurt am Main. Tätigkeit als Rechtsanwalt. Seit 1983 Leiter der Abteilung Schienenverkehr im Deutschen Technikmuseum. Veröffentlichungen zur Verkehrsgeschichte mit Schwerpunkt Reichsbahnzeit, Nationalsozialismus und Zweiter Weltkrieg. Jüngste Arbeit zum Thema: *Die Reichsbahn und die Juden 1933–1939. Antisemitismus bei der Eisenbahn in der Vorkriegszeit*, Wiesbaden 2011.
Bei Hentrich & Hentrich ist von ihm gemeinsam mit Diana Schulle erschienen: *»Juden ist die Benutzung von Speisewagen untersagt«. Die antijüdische Politik des Reichsverkehrsministeriums zwischen 1933 und 1945*, ISBN 978-3-938485-64-4.